南京水利科学研究院出版基金资助

用水量校核评估技术研究及应用

李 伟　林 锦　张 颖　宇润练◎编著

河海大学出版社
HOHAI UNIVERSITY PRESS
·南京·

图书在版编目(CIP)数据

用水量校核评估技术研究及应用 / 李伟等编著. --
南京：河海大学出版社，2022.6
ISBN 978-7-5630-7536-2

Ⅰ. ①用… Ⅱ. ①李… Ⅲ. ①用水量—水利调查—济宁 Ⅳ. ①TU991.31

中国版本图书馆 CIP 数据核字(2022)第 094097 号

书　　名 用水量校核评估技术研究及应用
书　　号 ISBN 978-7-5630-7536-2
责任编辑 章玉霞
特约校对 袁　蓉
装帧设计 徐娟娟
出版发行 河海大学出版社
地　　址 南京市西康路 1 号(邮编:210098)
电　　话 (025)83737852(总编室)
(025)83722833(营销部)
(025)83787107(编辑室)
经　　销 江苏省新华发行集团有限公司
排　　版 南京布克文化发展有限公司
印　　刷 苏州市古得堡数码印刷有限公司
开　　本 787 毫米×1092 毫米　1/16
印　　张 11.75
字　　数 215 千字
版　　次 2022 年 6 月第 1 版
印　　次 2022 年 6 月第 1 次印刷
定　　价 69.00 元

《用水量校核评估技术研究及应用》编委会

主著者：李　伟　林　锦　张　颖
宇润练

成　员：龙玉桥　王会容　柳　鹏
司海洋　陈　韬　贾淑彬

前言

2011年中央一号文件明确提出实行最严格的水资源管理制度，主要包括四项制度：用水总量控制制度、用水效率控制制度、水功能区限制纳污制度、水资源管理责任和考核制度。2013年1月，国务院办公厅印发了《实行最严格水资源管理制度考核办法》。建立水资源管理考核制度，既是最严格水资源管理制度体系框架的重要组成部分，也是实行最严格水资源管理的重要抓手。水资源自身特点决定了水资源管理考核工作的独特性与复杂性，现有条件下，用于支撑考核工作的监测、统计技术体系尚不完善，尤其是对目标完成情况的考核缺乏完善的技术手段。如何保障各地方目标完成情况考核工作的公平性与合理性，是当前考核工作面临的关键技术问题之一。

在水资源管理考核的指标中，用水总量与用水效率、水功能区达标率关系密切，特别是用水效率需要以工业用水、农业灌溉用水数据为基础，另外，对用水量的准确考核继而实现严格控制，也会客观促进用水效率提高。因此，用水总量的准确检验复核是考核工作的重点。从我国现阶段用水量构成看，农业和工业两大领域用水占到用水总量的85%以上，生活、生态环境等部门用水所占比例较小，用水总量考核又以农业、工业用水量核算为重点。以工农业用水量为重点，开展用水量校核技术的研究与实践，是实行最严格水资源管理考核核查、抽查检查工作的需要，也是建设水资源管理制度考核技术支撑体系的重要任务之一。

2011年以来，在水利部财政项目资助支持下，笔者联合河海大学、山东省济宁市水利局等单位，相继开展了工农业用水量核算、考核抽查校核等技术研究。本书正是在上述成果基础上总结凝练形成的。全书共包括六章：第一章主要以大量调研成果为基础，总结性介绍了与用水量核查相类似的工作中所采用的数据核查方法，同时也概述了几个典型省区在水资源管理考核中采用的核查方法；第二章和第三章均以山东省济宁市为实例，分别开展了农业用水量和工业用水量的核算方法研究，其中农业用水主要采用了基于作物需水量和用水定额的方法，工业用水主要采用了基于抽样测算和用水定额的方法；第四章以统计抽样、层次分析、模糊评价等数学方法为基础，提出了基于数据质量评估的用水量校核评估技术；第五章仍以山东省济宁市为实例，开展了用水量校核评估技术实例应用；第六章结合考核工作的实际需求，提出了用水量抽查校核系统设计方案。

本书的出版是对阶段成果的一次总结，书中所论述的技术方法、成果结论难免有误，寄希望抛砖引玉，诚邀各位读者给予批评指正。

作者

2022 年 3 月于南京

目录

第1章 用水量核查技术方法概述

1.1 统计数据核查技术方法

1.1.1 国外用水量统计方法

(1) 美国

美国统计体制属于分散型,没有高度集中的联邦统计机构,除人口和经济方面普查工作由商务部普查局统一组织外,政府统计工作分散在各部门进行。美国进行水利统计的主要部门为内政部的国家地质调查局,从1950年开始每五年编纂一次美国用水评估报告,并以美国内政部和美国地质调查局的名义对外发布,主要对公共供水、自供生活、灌溉用水、牲畜用水、水产养殖用水、工业用水、采矿用水和火电用水八类用水户进行统计。

在统计方法上,美国在长期的统计发展过程中,逐渐形成了以普查为基础、抽样调查为主体、其他手段为补充的统计数据收集模式。除每五年进行一次普查外,每年还进行一次年度抽样调查,每月进行月度抽样问卷调查和重点调查,以保证统计信息的及时、客观和有效。

(2) 加拿大

加拿大是典型的集中型统计体制,统计工作基本由统计局负责,其他政府部门不设专门的统计机构。国家统计局下属的环境核算与统计处负责水资源方面的统计工作,内容包括四个方面:①大气降水平衡表,清晰地反映土壤里的水资源量;②水资源使用平衡表,反映水资源的转换情况;③经济水资源平衡表,包括水资源供给表、水资源在经济中的流动矩阵、水资源使用表、水资源在经济中的主要流动过程;④水质平衡表,它是对水资源品质的核算。水资源的核算范围包括了自然界的地表水、土壤含水层、水资源的相互流动和地下水的反渗,不包括地下水的重新补充、地下水的流动和水资源的蒸发。水资源核算的数据主要来自以下五个方面：①加拿大自然资源部的国家遥感中心的资料和国家地理数据资料；②加拿大环境部气象服务、水文调查、地方水资源使用、水文研究中心和淡水研究协会等部门的数据资料；③加拿大内阁环境委员会的资料；④地方政府行政记录；⑤加拿大统计局的人口普查、农业统计和地理统计等数据以及环境统计与核算处新开展的调查。

在统计方法上，加拿大统计局对供用水的统计方法与美国类似，采用以普查为基础、抽样调查为主体的调查方法，用邮寄问卷的方式收集数据。其中，饮用水厂、火电企业采用普查的方式进行，其他的制造业、开采业、一般工业则采用分层抽样的方法进行调查。由于此调查的性质是强制性的，所有调查问卷必须按时寄回，回答率可得到保证，因此数据可从邮寄调查问卷中直接获得。

(3) 德国

在德国，《环境统计法》规定了与水有关的统计调查内容，主要包括三个方面：①公共供水、排水和污水处理调查，例如，排水管道长度、建设时间，水处理企业从业人员、投资情况，污水处理类型，污水处理厂覆盖人口数，年污水处理量，等等；②工业用水、排水及处理调查，例如，水的来源（自备水还是公共水网），未使用水的去向，水的用途（厂内生活用水、冷却水、生产过程用水），是否循环使用，工业废水排放去向，废水处理方式（机械，物理/化学、生物），等等；③农业用水调查，主要是灌溉用水统计，未包括动物饮用水，例如水的来源、水的用途、作物类型、播种面积等。这些统计内容均由联邦统计局负责实施。

(4) 欧盟

欧盟水资源方面的统计主要由两大机构负责，欧盟统计局主要收集水资源情况、用水情况、废水处理情况，欧洲水信息系统（WISE）则主要负责统计欧盟的水质量情况。欧盟供用水统计调查通过调查问卷的形式收集相关供用水数据。调查对象按照北美产业分类体系来界定，其中工业用水调查对象主要包括公共供水企业、制造业、采矿与挖掘业和供电行业，供电行业主要是因其冷却工序消耗较多水资源。调查内容涉及净水的总消耗量、非淡水的消耗量、再用水量、污水排放与处理量等情况及公共供水量、运输损失水量、自供水情况、水的处理情况等。

(5) 数据质量评估研究

目前国外关于统计数据质量研究内容较为广泛，从一般的误差理论到统计数据的误差理论，从抽样误差到非抽样误差，从单纯的数据误差与准确性到数据的综合质量，从统计数据质量的事后检验、控制到统计数据质量的事前保证，从统计数据质量的保证与控制技术到政府统计数据质量的管理等都有研究。具体集中于以下几个方面。

一是统计数据收集质量的研究，如回答者误差、调查员误差、调查方式的影响、数据收集质量的测量、新技术对统计调查及其数据质量的影响，数据收集系统的问题及处理，普查抽样调查有机结合的研究。

二是统计数据处理及操作质量的研究，如编码、误差手册、自动编码、数据录入质量、数据编辑、数据处理质量及改进、数据处理过程的控制系统。

三是质量评估和控制的研究，如调查质量的测量、数据质量评估方法、调查误差模型及分析、误差监测、用户的质量评价、质量管理、数据质量的测量与控制方法的研究、统计数据报告内容及结构的研究。

四是数据误差对参数估计、统计分析的影响。调查误差对数据质量的影响及分析，参数估计的准确性及精确性，探索性数据分析和模型识别技术的应用，奇异值诊断方法和数据编辑技术的应用，不完整数据处理。

五是统计数据质量改进中的问题及对策研究，提高统计数据质量的管理步骤，统计理论与实际工作者如何提供支持管理者决策的统计数据，统计数据内部一致性、外部一致性的检验，统计数据文件、统计资料的管理。

1.1.2 水利普查数据核查方法

(1) 数据统计方法

在水利普查经济社会用水调查中，由于经济社会用水户数量巨大，用水计量尚未普及，难以做到全面普查，因此，主要采用了用水大户逐一调查和一般用水户抽样调查相结合的方法，通过合理推算汇总获得用水情况。主要统计方法是：

在生活用水、建筑业和三产用水调查中，居民生活用水调查采用抽样调查的方法，建筑业用水调查采用典型调查的方法，第三产业用水调查采用用水大户全部调查，一般用水户抽样调查的方法。在工业用水调查中，工业企业用水调查采用用水大户全部调查，一般用水户抽样调查的方法。在农业用水调查中，农业灌溉用水调查采用跨县灌区和规模以上非跨县灌区全部调查，规模以下灌区典型调查的方法；畜禽用水调查采用调查规模化养殖场的方法。在生态用水调查中，河湖补水采用逐个调查的方法，城镇环境用水采用典型调查的方法。

(2) 数据审核环节

经济社会用水成果的审核工作布置紧凑、重点突出、程序严密，分别对清查成果、台账建设成果、调查表成果和全口径用水量成果等多个环节开展数据审核，严格控制数据质量。

对于清查成果审核，主要审核清查对象的全面性、清查指标的完整性，以及规模以上用水户规模标准、典型用水户的数量及代表性等。对于台账建设成果审核，主要审核台账对象的全面性、台账水量的完整性，以及各月台账记录水量的规律和台账水量的合理性等。对于调查表成果审核，主要审核调查表各指标的完整性，调查对象的全面性，取用水量、经济指标和用水指标的合理性，经济社会用水情况调查成果与其他专题或专项的成果一致性。对于全口径用水量成果审核，主要审核县级行政区套水资源三级区的经济社会指标合理性、用水指标合理性、全口径用水量成果合理性、供用水量协调性，以及与水资源公报、水资源综合规划等原有相关成果协调性等。

(3) 数据核查方法

① 典型居民用水

重点核查指标为常住人口和年用水量。对单张调查表进行核查时，依据这两个指标计算出典型户的人均日用水量，考虑水资源条件、气候条件、生活水平、生活习惯等因素的情况下，通过典型户的居民生活人均日用水量与当地发布的定额是否接近进行合理性判断。对人均日用水量特别大(高于当地发布定额上限的 1 倍)或特别小(低于当地发布定额下限的一半)的典型户调查表进行重点核实。调查表中的用水量要与城镇和农村居民典型用水户用水记录表一致。农村人均用水量小于城市人均用水量，发达地区的生活用水量高于欠发达地区的生活用水量。

② 灌溉用水

重点核查指标为实灌面积、取水量和用水量。对单张调查表进行核查时，考虑当年的水资源状况、气候条件、取水水源类型、作物组成、灌溉方式、土壤类型、管理水平等因素情况，通过亩均用水量与当地发布的用水定额是否接近进行合理性判断。对亩均用水量特别大(高于当地发布定额上限的 1 倍)或特别小(低于当地发布定额下限的一半)的灌区调查表进行重点核实；渠系水利用系数的合理性根据渠系衬砌比例、渠系长度等因素进行判断。

③ 规模化畜禽养殖场用水

重点核查指标为存栏数和年用水量。对单张调查表进行核查时，依据这两个指标计算出典型户的畜禽日用水量，并与当地发布的用水定额比较，分析其合理性。对畜禽日用水量特别大(高于当地发布定额上限的 1 倍)或特别小(低于当地发布定额下限的一半)的调查表进行重点核实。

④ 公共供水企业用水

重点核查指标为供水人口、取水量、供水量和售水量。对单张调查表进行核查时,依据供水量和供水人口计算出人均日用水量,依据售水量与取水量计算出漏损率,分析其合理性。对人均日用水量特别大或特别小,以及漏损率特别大(大于 30%)的调查表进行重点核实。表内关系满足取水量不小于出厂水量和售水量,并检查供水人口和售水量之间的关系是否满足生活用水的要求,以此检查取、售水量及漏损率是否合理。

⑤ 工业企业用水

重点核查指标为总产值、装机容量、取水量和用水量。对火核电企业依据装机容量和用水量计算单位装机用水量,并与当地发布的用水定额进行比较,分析其合理性。对非火核电企业依据总产值和用水量计算万元工业总产值用水量,或依据主要产品单位产品用水量,并与当地发布的用水定额进行比较,分析其合理性。在考虑企业生产工艺的情况下,对单位装机用水量或万元工业总产值用水量(单位产品用水量)特别大(高于当地发布定额上限的 1 倍)或特别小(低于当地发布定额下限的一半)的调查表进行重点核实。

⑥ 建筑业与第三产业用水

重点核查指标为从业人员、完成施工面积和用水量。对建筑业企业依据完成施工面积和用水量计算单位建筑面积用水量,并与当地发布的用水定额进行比较,分析其合理性。对第三产业企业依据从业人员和用水量计算从业人员人均用水量,或依据其单位类型计算单位营业面积用水量、单位餐位用水量、单位床位用水量等指标,并与当地发布的用水定额进行比较,分析其合理性。对单位用水指标特别大(高于当地发布定额上限的 1 倍)或特别小(低于当地发布定额下限的一半)的调查表进行重点核实。

⑦ 河道外生态环境用水

主要根据用水量和清洁及绿地灌溉面积计算单位面积用水量,对超过或小于定额较多的进行详细核查。特别是换水型河湖补水量的获取,不能漏计出口水量。

⑧ 经济社会指标和用水指标的关系

通过典型调查获得各行业的用水指标,结合经济社会指标可以获得全口径用水量。由于经济社会指标数量巨大,对全口径用水量分析影响非常大,因此经济社会指标的收集必须真实可靠,否则将会对用水量产生重大影响,对明显不合理的指标要进行反复调查核实。其中耕地面积、有效灌溉面积、耕地实灌面积、非耕地实灌面积一般采用灌区专项的灌溉面积结果，其他指标采用统计主管部门的统计成果，以保证调查结果准确可靠。

1.1.3 国民经济统计调查数据核查方法

（1）数据统计方法

国民经济统计调查是集农业、工业、建筑业、第三产业等各项内容于一体的大型综合性调查，数据主要来源于地方有关部门的逐级汇总和国家统计局的独立调查。地方汇总数据主要是农村以外的固定资产投资、大型批发零售餐饮企业的社会消费品零售额及一些建筑企业的总产值和增加值。此外，还有另外两部分资料来源：一是行政管理资料，包括财政决算资料、工商管理资料等；二是会计决算资料，包括银行、保险、航空运输、铁路运输、邮电通信系统五大行业。独立调查的数据主要来自国家统计局的三个直属调查队：农村社会经济调查队、城市社会经济调查队和企业调查队。通过抽样调查的方法，得出全国的粮食产量、棉花产量、主要畜禽产品产量；年产品销售收入500万元以下(规模以下)的非国有工业企业、小型商业企业、个体工商户的产值和增加值；农村固定资产投资、城乡居民住户收入和支出、商品和服务的价格。

（2）数据统计误差来源

在国民经济统计调查工作中，数据误差来源主要有以下五个方面。

一是源头数据基础不牢。由于基层统计力量薄弱，统计、会计制度不健全，缺乏原始记录和台账，部分财务数据估算成分较大。二是由于调查经费的不足，必要工作条件得不到保证，调查员的工作质量受到直接影响，数据处理环境和宣传工作等不到位。三是调查人员素质与任务不相适应。四是私营、个体单位瞒报漏报现象较为普遍。部分调查对象尤其是私营、个体单位配合程度低，在申报经营情况时，普遍存在着“怕收费、怕罚款、怕露富”思想，乱报、瞒报现象较为突出，所申报的从业人员、营业收入、利润等指标不能客观反映实际。五是一些地方和部门数据被虚报、浮夸。一些地方和部门的领导为“制造政绩”，在数据上做手脚、掺水分，授意调查机构虚报、篡改数据等。

（3）数据质量核查方法

数据采集阶段是国民经济统计调查工作的关键阶段，主要工作有基础资料整顿、数据采集、调查表的收集与审核、质量抽查等，任何工作的疏漏和不足都直接影响数据采集的质量，强化工作指导、加强调查表数据核查至关重要。控制数据质量的方法主要包括以下几个方面。

① 科学组织调查登记。对法人单位和产业活动单位直接分发调查表,由单位人员按照统计台账等资料填写,调查机构派专人指导,并明确联系人负责表格的接收、内部协调和报送;对个体经营户,由区域调查员对样本户入户调查,现场填写数据表格。入户登记严格按照工作流程、工作程序、调查方法、访问技巧等规定和要求认真进行。同时,调查人员及时掌握调查登记进度,对遇到的问题分类整理,统一标准和要求。

② 加强数据采集过程监督指导。在调查数据采集期间,上级调查机构充分利用已建立的信息上报和反馈制度、信息交流平台等手段,强化对调查数据采集工作的指导,统一原则,明确方法,突出重点,降低因技术方法不规范造成的数据误差。

③ 加强工作督查与执法检查。一是建立效能检查制度。对下级调查机构的工作完成情况进行督导检查,并对每一次检查情况进行通报,作为考核奖惩的依据。二是上级调查机构抽派业务骨干参与基层的调查工作,及时解决和处理调查中的困难和问题。三是对不配合或填报虚假数据者依法查处。

④ 强化调查表的审核。按照审核流程和审核要求,建立调查表审核制度,层层把关。企业单位按照调查表的填表规定和要求,逐表逐项检查,并注重表与表之间、企业有关职能科室之间、普查数据与历史数据之间以及属性指标与单位有关证照的核对。乡(镇)级调查表审核的重点是,表格的收齐率以及填写的完整性,通常采取自查、互查和复查的办法进行。县级调查表审核的重点是,表的上报数与点名册核对、调查指标的逻辑及相关关系审核。

1.1.4 节能减排数据核查方法

(1) 节能数据核查方法

为实现《中华人民共和国国民经济和社会发展第十一个五年规划纲要》提出的单位 GDP 能耗降低目标,我国在“十一五”期间开始实施全国节能考核工作,具体由国家发改委组织实施,依靠国家统计局提供数据。目前,对单位 GDP 能耗及其降低率数据质量的核查监测,主要从 GDP 数据质量和能源消费总量数据质量两个方面进行核查评估。

对 GDP 数据质量的核查监测指标主要分为三类:一是地区 GDP 总量的逆向指标,例如地区财政收入占 GDP 的比重、地区各项税收占第二和第三产业增加值之和的比重、地区城乡居民储蓄存款增加额占 GDP 的比重等。二是与地区

GDP增长速度相关的指标，例如地区各项税收增长速度、地区各项贷款增长速度、地区城镇居民家庭人均可支配收入增长速度、地区农村居民家庭人均纯收入增长速度等。三是与地区第三产业增加值相关的指标，例如地区第三产业税收占全部税收的比重、地区第三产业税收收入增长速度等。

对能源消费总量数据质量的核查监测指标主要有：一是电力消费占终端能源消费的比重，用以监测终端能源消费量是否正常。二是规模以上工业能源消费占地区能源消费总量的比重，用以监测地区能源消费总量是否正常。三是火力发电、供热、煤炭洗选、煤制品加工、炼油、炼焦、制气等加工转换效率，用以监测涉及计算各种能源消费量的相关系数是否正常。四是三次产业、行业能源消费增长速度和工业增加值增长速度，用以监测各次产业、行业能源消费量增长速度与增加值增长速度是否相衔接。五是主要产品产量、单位产品能耗，用以监测重点耗能产品能源消费情况。

(2) 减排数据核查方法

全国减排考核工作与节能考核同时启动，由环保部牵头组织实施。目前，对减排数据的核查主要依靠统计、监测、考核等三大体系。其中，统计体系是指一套主要污染物排放总量统计分析、数据核定、信息传输体系，做到方法科学、交叉印证、数据准确、可比性强，及时、准确、全面反映主要污染物排放状况和变化趋势；监测体系是指一套污染监督性监测和重点污染源自动在线监测相结合的环境监测系统，及时跟踪各地区和重点企业主要污染物排放变化情况；考核体系是指一套严格的、操作性强的和符合实际的污染减排成效考核和责任追究制度。

减排年度核查工作主要有：各省级环保部门协调督促本辖区总量核算的基础性工作，包括用于新增量核算的基础资料、减排工程清单及相关验证资料，并对各自区域进行初步核算，将结果和主要资料一并报环保部，建立减排措施台账；各环境督查中心负责减排核算的资料收集及验证工作，包括收集核算的相关依据、现场检查企业排放达标与否、减排设施运行情况及对各省计算的准确性的抽查验证工作。

污染源化学需氧量和二氧化硫排放量的监测技术采用自动监测技术与污染源监督性监测技术相结合的方式。以污染源监测数据为基础统一采集、核定、统计污染源排污量数据，根据污染物排放浓度和流量计算污染物排放量。对安装自动监测设备的污染源，以自动监测数据为依据申报化学需氧量和二氧化硫排放量。对未安装自动监测设备的污染源，由排污单位提供具备资质的监测单位出具的化学需氧量和二氧化硫排放量监测数据，以此申报化学需氧量和二氧化硫排放量。对无法安装自动监测设备和不具备条件监测的污染源，化学需氧量和二氧化硫排放量按环境统计方法计算。

1.2 地方水资源管理核查技术方法

1.2.1 广东省

(1) 考核内容

2011年底和2012年初，广东省先后出台最严格水资源管理制度实施方案和考核暂行办法并制定了考核细则，在全国率先开展实行最严格水资源管理制度考核工作。2014年，广东省政府对全省各地市进行了中期考核，有力推进了最严格水资源管理制度的落实。

广东省水资源管理考核包括三部分：指标考核、工作测评和公众评价。指标考核分为三大项九个指标，具体包括：用水总量、地下水开采量、工业和生活用水量、万元GDP用水量、万元工业增加值用水量、农田灌溉水有效利用系数、跨地级以上市河流交接断面水质达标率、水功能区水质达标率、城镇供水水源地水质达标率。为了体现逐步推进工作的原则，对年度考核指标进行动态调整，从2011年考核四项指标逐步增加到2015年全面考核九项指标。工作测评是对各地落实最严格水资源管理制度的工作情况进行量化评价，分为用水总量管理、用水效率管理、水资源保护、政策法规及体制建设、信息化及人才队伍建设等五个方面。为加大全社会对水资源管理和监督力度，办法引进了公众对水资源管理、节约与保护工作满意度的考核内容，通过公众测评从受众角度反映水资源管理工作实效，利用省政府门户网站开展网络问卷调查，重点调查公众对所在地级以上市水资源管理、节约与保护等工作的满意程度。

(2) 考核方式

广东省考核采取年度自查、中期考核和期末考核相结合方式。每年由各地市政府按考核办法要求，于4月中旬前将本市上年度落实实行最严格水资源管理制度的工作总结、自评情况以及相关指标数据完成情况一并报送省水利厅。省水利厅会同省有关部门组成考核组于每年5月中旬前完成对各地市自评情况和相关指标数据的审核，并根据审核情况对有关地市进行抽查，于每年6月底前将考核总体情况上报省政府。2014年对2011—2013年实行最严格水资源管理制度的工作进行中期考核。2016年对2011—2015年工作进行期末考核。

(3) 数据来源及核查方法

广东省考核指标的数据来源主要依据全省的水资源公报，另外，跨界断面水质监测数据由环保部门提供，工业企业增加值数据由统计部门提供。年度考核总分由指标考核、工作测评和工众评价三部分组成，其中指标考核得分权重为60%，工作测评得分权重为30%，公众评价得分权重为10%，满分100分。中期考核得分由年度考核得分乘以年度权重后累计。在各地进行自查评分基础上，由省考核组对各地区考核资料及评分进行审核，最终确定考核得分。

目前，广东省由于监测手段支持比较欠缺，除水功能区监测数据和统计局GDP数据外，多项基础数据来源只能依靠水资源公报，农田灌溉水有效利用系数则直接由各市水行政主管部门上报。用水监测和计量水平与考核的要求还有一定差距，这给指标核查带来了较大难度。对于农业用水量，目前由于监测数据无法全面支撑，不得不采用定额测算方式，同时参考为数不多的典型调查数据综合确定。

1.2.2 山东省

(1) 考核内容

山东省早在2010年就率先出台了《山东省用水总量控制管理办法》，在全国率先探索建立实行最严格的水资源管理制度。2015年，山东实施最严格水资源管理制度试点工作通过了水利部和山东省政府的验收，成为全国首个实施最严格水资源管理制度的试点示范省。目前，全省已初步构建起涵盖制度体系、指标体系、工程体系、监管体系、保障体系、评估体系等六大体系的最严格水资源管理制度框架。山东省的水资源管理考核工作主要分为四个层面。

一是将实行最严格水资源管理制度情况纳入全省科学发展综合考核。山东省政府于2010年颁布了《山东省用水总量控制管理办法》，自2011年1月1日起施行，明确规定"县级以上人民政府对本行政区域用水总量控制工作负总责，并将水资源开发利用、节约和保护的主要控制性指标纳入经济社会发展综合评价体系"。在2011年的考核中，省委组织部将"水利改革发展绩效"作为一级指标提高到20分，包括水利投资政策落实情况、重点水利工程建设任务完成情况、最严格水资源管理制度实施情况、水利改革管理服务情况。其中最严格水资源管理制度实施情况包含2个具体考核指标，分别是建设项目水资源论证率、地下水采补平衡状况。2013年起，又将"水资源开发利用与节约保护"作为一级指标纳入考核，共占 30 分，“年度水资源管理控制目标完成情况”占 12 分，包括年度用水总量、万元工业增加值下降率、农田灌溉水有效利用系数、水功能区水质达标率四项控制目标完成情况。

二是对各市实行最严格水资源管理制度考核。2013 年，山东省政府印发了《山东省实行最严格水资源管理制度考核办法》，制定了各设区市 2015 年、2020 年、2030 年分阶段用水总量、重要江河湖泊水功能区水质达标率控制目标及 2015 年用水效率控制目标，作为考核办法的附件一同印发。在考核工作实施方案中规定水资源管理控制目标完成情况占 60 分，“三条红线”四项指标各占 15 分，制度建设与措施落实情况占 40 分，主要包括建设项目水资源论证率、计划用水实施率、地下水采补平衡状况、骨干河道保持常年不断流情况、重点用水户远程在线监控率等指标。

三是强化水利系统内部的考核。山东省水利厅自 2011 年开始，组织对各市水利局进行水利改革发展绩效考核，满分为 100 分，其中水资源管理工作占 20 分左右的权重，考核内容除“三条红线”四个控制目标完成情况外，还包括水资源论证率、计划用水实施率、地下水采补平衡状况等指标。

四是强化对用水户的考核。对取用水户的监督考核主要体现在用水计划管理上，自 2012 年以来，在全省范围大力推行用水计划管理，要求做到“年计划、月调度、季考核”。依据上一年度用水总量、用水效率、水功能区达标、地下水采补等监测结果，逐级核定下达各区域本年度的用水控制目标，即年度用水计划。工业和服务业取用水计划按年度制定，按月分解下达，按季度进行考核，对超计划（定额）取用水的累进加价征收水资源费；农业灌溉取用水计划按年度制定，按年度下达，按年度考核，农业灌溉超计划（定额）取用水的，相应核减其下一年度用水指标。

（2）数据来源及核查方法

对于用水量指标，山东省水文局将各市的用水监测结果作为考核各市实际用水量的依据，各市水资源管理机构提供的用水量数据与水文部门监测结果不一致的，以省水文部门的监测数据为准。在具体实施过程中，关于工业企业用水量，省统计局有规模以上工业企业用水量的详细统计数据，但还难以共享；农业灌溉用水中的大中型引黄、引河湖、水库灌区基本都有计量；其他小型水库、塘坝、井灌区等还无法全部计量。因此，用水量数据获取受到监测、计量手段的限制，主要数据来源仍然以各地区上报数据为主。

山东省对各类用水量的核查以定性的合理性检查为主，具体方法仍在不断探索中。对于工业用水、生活用水，主要根据相关社会经济指标进行分析，如发现数据突变，则要求分析说明原因，并根据核查情况要求地市进行上报数据的调整。对于农业用水，主要分析农业用水与降水的相关关系，同时与来水水平年相近的历史年份用水数据进行分析，定性判断农业用水的合理性。对于生态用水、再生水，主要分析历史年份用水数据的趋势性，以及当年污水处理厂、再生水厂等的运行情况，然后根据核查情况要求地市进行上报数据的调整。

目前，用水量计量设施由于覆盖程度不够，较难满足考核工作对数据的要求。特别是在农业用水方面，小型水库、塘坝、井灌区基本没有计量，水文局探索采取典型监测办法确定农业用水量，但还在研究应用阶段；另外，降水年际变化对农业用水影响很大，在用水量监测数据转换、统一计量标准方面还缺乏比较科学的方法。由于数据本身的不确定性，核查工作面临较大难度，省厅在利用水文局数据核查地方数据过程中，经常出现不一致的地方，为此数据协调的难度也较大。

1.2.3 浙江省

(1) 考核内容

2012 年 12 月，浙江省政府出台了《关于实行最严格水资源管理制度 全面推进节水型社会建设的意见》，明确了 2015 年“三条红线”控制的指标目标，提出了落实最严格水资源管理制度、建立“三条红线”和全面推进节水型社会建设、建立水资源管理考核责任制度以及保障措施等方面的重点任务和要求。2013 年 6 月，省政府办公厅出台了《浙江省实行最严格水资源管理制度考核暂行办法》，考核指标分为 3 大项 8 个指标，即用水总量控制指标、用水效率控制指标、水功能区限制纳污指标 3 大项。用水总量控制指标包括用水总量、生活和工业用水量 2 个指标；用水效率控制指标包括万元工业增加值用水量、农田灌溉水有效利用系数、万元 GDP 用水量 3 个指标；水功能区限制纳污指标包括重要江河湖泊水功能区水质达标率、跨设区市河流交接断面水质保护考核情况、城镇供水水源地水质达标率 3 个指标。

(2) 考核形式

根据《浙江省实行最严格水资源管理制度考核工作实施方案》，浙江省水利厅会同省发改委、经信委、财政厅、建设厅、环保厅、农业厅、统计局等省直有关部门组成考核工作组，对全省 11 个设区市进行现场考核。考核组通过现场抽查、查阅资料、听取汇报等方式，重点核查目标完成情况、制度建设和措施落实情况；

实地抽查市辖县最严格水资源管理制度实施情况，当地重点用水户取用水量、用水效率、计量监控安装情况；查阅当地取水许可管理、计划用水管理、水资源费征收、一户一档等资料，并根据现场核查和自查报告审核情况提出反馈意见。

(3) 数据来源及核查方法

基于目前全省水资源统计与管理工作的现状，特别是相当一部分统计数据无法进行全面核实，主要采用“辅助指标”解决“复核、检测”的要求，同时结合抽检、飞检等手段实现“可复核、可检测”的要求。

设立辅助指标目的就是通过一定的方法，将无法复核与检测的指标变成可检测、可复核，但又保证达到考核效果的指标。主要的思路是将过于笼统、检测与复核困难过大或成本过高的指标，采用重点检测、飞行检测、抽查检测等手段，达到“可检测、可复核”的要求。

在工业用水量核查方面，该数据实际包括两方面数据，一是管网用户的工业用水量，二是自备水源用户的工业用水量。对于取用公共供水管网的用户，浙江已全面安装了计量器具，同时公共供水行业建立了完善的收费及统计体系，并保存了原始收费单据，因此，可通过公共供水企业的统计获取需要的数据，并且可以核查。自备水源工业用户由水行政主管部门管理，由于计量条件较差，工作基础相对薄弱，监管力量与投入不足，尚未实现全面标准计量，因此需要采取辅助指标与飞检、抽检等办法进行核查。

在农业用水量核查方面，鉴于农业用水监测的实际，该数据采取多重指标复合的方法进行管理，即采用重点监测、飞行检查、多重数据核算等方法，对这一指标作进一步核算，从而使这一指标实现“可复核”的要求。例如对于重点水库灌区灌溉用水量，要求水库管理机构建立水库调度台账，并定期汇总上报。由专业机构对上报材料进行分析，提出灌溉用水量的分析报告。

1.3　小结

通过梳理上述不同行业、不同地区的调研工作，进一步提高了对数据统计工作、数据核查工作的认识，在数据指标核查方式、核查方法、制度保障等方面初步得出以下几点启示。

(1) 大规模的数据核查工作离不开过程管理。数据核查不仅是对结果数据的复核检查。在缺乏数据采集获取过程监督管理的情况下，很难对结果数据优劣进行结论性判断。在水利普查工作中，为保障数据质量，实施了清查成果、台账建设成果、调查表成果和全口径用水量成果等多个环节的数据审核。在国民经济统计调查数据复核中，从源头开始科学组织调查登记，到强化数据采集过程监督指导、工作督查与检查，再到成果表的审核，始终体现了数据统计采集过程管理的重要性。

（2）依靠辅助考核指标是实施数据核查的有力手段。在节能减排数据核查中，明确规定了需要监测的多类辅助指标，通过分析辅助指标的变化趋势，核查考核指标的合理性。类似地，由于现阶段水资源管理考核指标监测计量能力不足，数据获取手段受限，诸如农业用水量、农田灌溉水有效利用系数等指标难以精准化。在山东、广东、浙江等地实际考核操作中，均或多或少采用了间接性核查方式，例如通过典型样本监测检验灌区用水量合理性，通过农业节水灌溉率替代农田灌溉水有效利用系数，采用灌溉定额辅以典型调查审核农业用水，等等。

（3）数据核查工作的有效实施需要完备的制度保障。一方面，为规范减排工作，环保部门制定了三大体系，涵盖考核、统计、监测、核查、调度、直报、备案、信息公开、预警等九项制度，山东省为构建水资源管理制度体系，已出台有关法规、文件三十多个。另一方面，部分地方水资源管理考核工作因制度不健全，导致数据核查工作在多方协调上花费大量时间精力。

第2章 农业用水核算方法研究

2.1 济宁市农业概况

济宁市位于鲁西南腹地，地处鲁中南山地与鲁西平原交接地带。东接临沂市，西邻菏泽市，北与泰安市交界，南与枣庄市和江苏省接壤。地理坐标为北纬34°26′～35°57′、东经115°52′～117°36′，南北长167 km，东西宽158 km，总面积11 285 km^2。济宁市矿产资源丰富，水陆交通方便，文化历史悠久，是鲁西南的交通枢纽和经济文化中心，是国家重点粮棉基地和能源基地，是闻名中外的孔孟之乡。

济宁是山东省农、林、牧、渔综合发展的重要农业区，农业生产在该市占有重要位置。地理环境、气候条件、水利资源等便利的自然条件，决定了济宁在农业生产中的发展优势，使之成为我国商品粮基地之一。全市特色农产品主要包括粮、棉、油、瓜、菜、果、肉、蛋、奶、水产品等，形成了规模优势，其地方品牌在国内外享有盛誉。主要农作物有小麦、玉米、水稻、甘薯、棉花，其中被定为山东名产的当地品种有：曲阜香稻、鱼农一号水稻、金谷和泗水小杂豆。小麦生产集中在兖州、汶上、嘉祥、梁山、曲阜等县市区，其中兖州和汶上已建成市级优质强筋小麦标准化生产基地，品种主要有淄麦12、济麦20、济南17，总面积超过了400万亩①，总产量近150万t。玉米主要集中在兖州、曲阜、邹城三地，主要品种有郑单958、鲁单981、农大108，播种面积常年稳定在200多万亩，总产量达100万t以上。水稻主要集中在鱼台、任城和金乡，其中鱼台建有两个市级大米标准化生产基地，主要品种有豫粳6、圣稻301、津稻1007，种植面积达80万亩，总产量40多万t。花生集中在邹城、泗水、汶上等地，常年种植面积90万亩，总产量27万t，

① 亩≈667 m^2。

均在全省前20名之列，是出口创汇的主要农产品之一。畜禽主要有10大类群；鱼类共有8目15科55属82种，其中鲤鱼、鲫鱼科类居多，另有虾、蟹、贝类，分布区主要在微山湖；鸟类201种，微山湖区的水鸟数量居全省首位。

济宁市耕地面积为6 113.2 km^2，农业产值471.1亿元。种植制度以一年二熟为主(小麦—玉米)，其次为一年一熟、多熟和两年三熟。在种植业内，高耗水的粮食作物比例偏大，经济作物和饲草料面积偏小；粮食作物结构中，夏粮面积偏大，秋粮面积偏小，和天然降水时空分布不协调。近年来，济宁市大力发展节水型农业，调整农业种植结构，推广节水灌溉，大力推行渠道防渗、管道输水灌溉、喷灌、微灌等节水灌溉技术，对农业用水总量进行强化控制管理，推进定额内用水实行优惠价、超定额用水累进加价，提高农业灌溉用水的利用率。2010年首先在兖州区、汶上县井灌区对IC卡射频灌溉系统进行了试点。截至目前，全市有效灌溉面积达到702.7万亩，占耕地面积的76.7%，节水灌溉面积达到369.5万亩，占有效灌溉面积的52.6%，其中低压管灌面积275.7万亩，管灌中IC卡等使用灌溉面积71.6万亩，渠道防渗面积87.8万亩，喷灌和微灌面积6万亩。全市综合灌溉水有效利用系数达到0.6。

2.2 农业用水量核算方法研究

农业用水主要是指用于灌溉农田的水。农业灌溉用水量受用水水平、气象、土壤、作物、耕作方法、灌溉技术以及渠系利用系数等因素的影响，并且存在明显的地域差异。由于各地水源条件、作物品种、耕植面积不同，用水量也不尽相同。农业灌溉用水量测算采用水量抽样监测和耗能测算方法，但是以上方法都具有较高的技术要求，耗时耗力且不易操作。农业用水的核算还可以转换为推求作物需水量的问题。首先选定具有代表性的灌区，计算灌区内的逐日作物需水量以及农作物净灌溉需水量，建立计算理论取水与实际取水之间折算系数的模型，并进行验证，通过计算净灌溉需水量来核算实际灌溉用水量。考虑到部分地区资料缺乏、种植结构复杂的问题，本次研究同时采用定额法对农业用水量进行核算，以期讨论这两种方法在用水量核算工作中的可行性。

2.2.1 灌区基本概况

济宁市农业灌溉以引黄灌溉为主，井灌、湖灌保收为辅。梁山县不仅是济宁市农业大县，而且是主要的黄灌区，选择梁山县境内的陈垓灌区进行作物需水量法核算农业用水量的研究区。陈垓灌区西北濒临黄河，东以梁济运河为界与国那里引黄灌区为邻，南与郓城、嘉祥县接壤，灌区范围如图2.1所示。

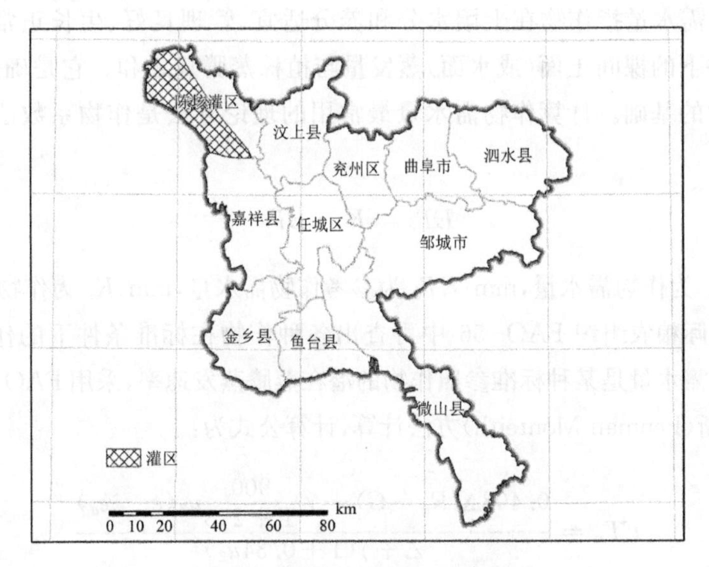

图 2.1　陈垓引黄灌区平面布置图

灌区始建于1959年，控制面积544.2 km^2，设计灌溉面积42.21万亩，有效灌溉面积55.18万亩，其中自流区26.88万亩，提水区28.3万亩。灌区渠首引水工程为陈垓引黄闸，为2.2 m×3孔的钢筋砼箱形涵洞结构，始建于1959年，1977年改建，设计引水流量30.0 m^3/s，加大引水流量40 m^3/s，引水防沙条件较好。灌区经过几十年的发展，配套工程逐渐完善，管理水平不断提高，现已形成自流、提水、井灌补源三类灌溉模式的大型灌区。

目前，陈垓灌区相继实施了1999年、2001年、2002年、2004年、2005年、2006年、2008年、2009年新增及2010年9期灌区续建配套与节水改造项目，共完成砼渠道衬砌总长度98.754 km，疏挖干级排水沟34.2 km，新建改建配套建筑物460座，建设输沙渠上障东堤及孙佃言两处枢纽水沙监测系统，完善与改进了灌区信息化监测、监控与调度决策系统。陈垓灌区信息化的取用水监测系统保证了研究计算所采用数据的可靠性。

灌区农作物种植以冬小麦、夏玉米、棉花为主，实行粮粮、粮棉、粮菜等套种或轮作方式，其中，小麦、玉米采取轮作方式，一般一年两熟或两年三熟制，复种指数为1.87，小麦、玉米、棉花的种植比例分别为0.87、0.87、0.13。

2.2.2 基于作物需水过程的农业用水量核算

2.2.2.1 主要作物生长期需水量计算

作物需水量指作物在土壤水分和养分适宜、管理良好、生长正常、大面积高产条件下的棵间土面(或水面)蒸发量与植株蒸腾量之和。它是确定作物灌溉需水量的基础。计算作物需水量最常用的理论方法是作物系数法,计算公式为:

$$ET_c = K_c \cdot ET_0$$

式中:ET_c 为作物需水量,mm;ET_0 为参考作物需水量,mm;K_c 为作物系数。

从国际粮农组织 FAO-56 中可查出各种作物在标准条件下的作物系数。参考作物需水量是某种标准参照作物的潜在蒸腾蒸发速率,采用 FAO 推荐的彭曼-蒙蒂斯(Penman-Monteith)方法计算,计算公式为:

$$ET_0 = \frac{0.408\Delta(R_n - G) + \gamma \frac{900}{T + 273} u_2 (e_s - e_a)}{\Delta + \gamma(1 + 0.34u_2)}$$

式中:R_n 为冠层表面净辐射,MJ/(m^2 · d);G 为土壤热通量,MJ/(m^2 · d);T 为平均气温,℃;e_s 为饱和水汽压,kPa;e_a 为实际水汽压,kPa;Δ 为饱和水汽压与气温曲线的斜率,kPa/℃;γ 为湿度计常数,kPa/℃;u_2 为 2 m 高处的风速,m/s。

本次研究采用彭曼-蒙蒂斯公式,利用当地的气象资料和作物系数计算了逐日作物需水量。计算过程在 *Crop evapotranspiration-Guidelines for computing crop water requirements-FAO Irrigation and drainage* paper 56 中有详细介绍。作物系数采用的是 FAO 推荐的标准作物系数以及修正公式,并参考《中国主要作物灌溉需水量空间分布特征》一文,见图 2.2。表 2.1 是 2001 年 1 月 1 日参考作物需水量计算参数以及计算得到的参考作物需水量 ET_0。表 2.2 是 2009—2012 年当地逐旬作物需水量。冬小麦的生长期为 10 月至次年 5 月,夏玉米的生长期为 6 月中旬至 9 月上旬,棉花的生长期为 4 月至 9 月。

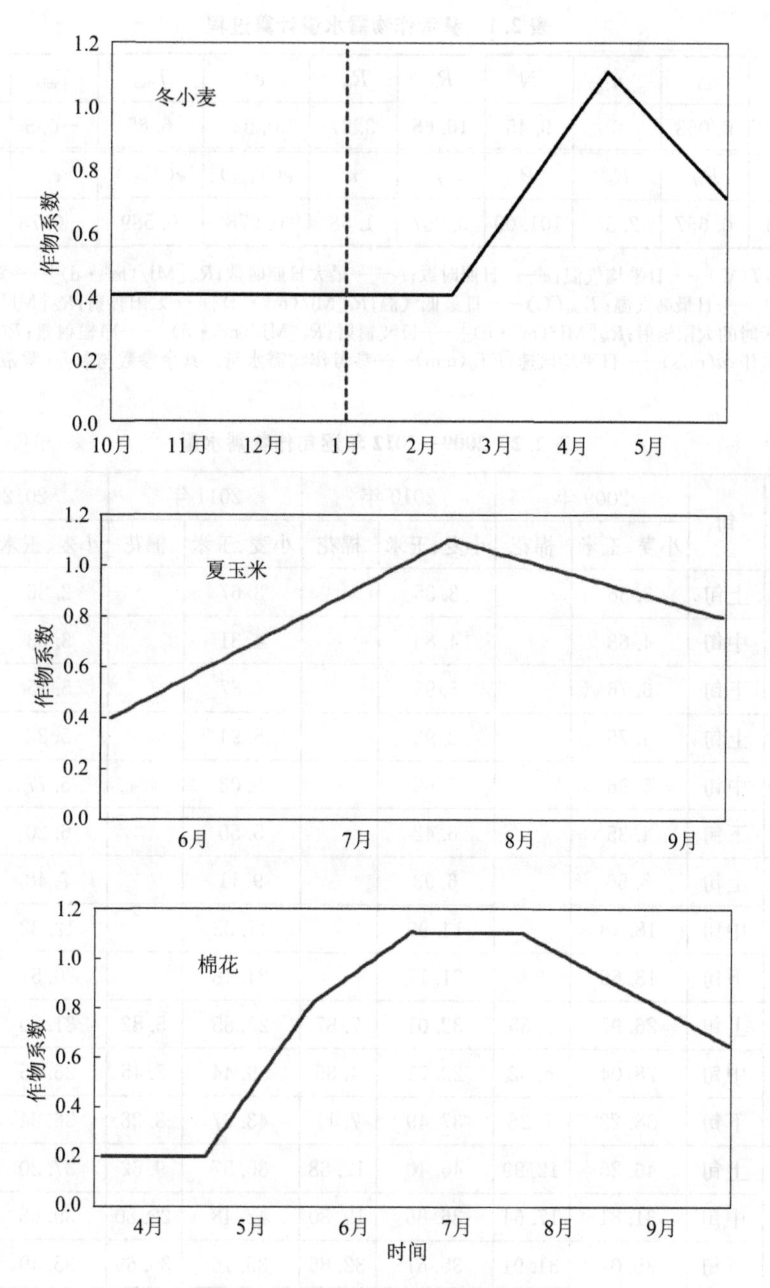

图 2.2　三种主要农作物的作物系数

表 2.1 参考作物需水量计算过程

T	Δ	n	N	R_a	R_{ns}	e_a	T_{max}	T_{min}	R_s
2.8	0.053	0	9.45	16.65	3.21	0.62	6.65	−0.5	4.16
R_{s0}	R_{nl}	R_n	P	γ	u	$e(T_{max})$	$e(T_{min})$	e_s	ET_0
12.49	0.657	2.55	101.09	0.067	1.58	0.978	0.589	−0.78	0.77

注：T(℃)——日平均气温；n——日照时数；N——最大日照时数；R_{ns}[MJ/(m^2·d)]——短波辐射；T_{max}(℃)——日最高气温；T_{min}(℃)——日最低气温；R_s[MJ/(m^2·d)]——太阳辐射；R_{s0}[MJ/(m^2·d)]——晴天时的太阳辐射；R_{nl}[MJ/(m^2·d)]——长波辐射；R_n[MJ/(m^2·d)]——净辐射量；P(kPa)——日平均气压；u(m/s)——日平均风速；ET_0(mm)——参考作物需水量。其余参数与彭曼-蒙蒂斯公式中相同。

表 2.2 2009—2012 年逐旬作物需水量 单位：mm

月份	旬	2009 年		2010 年		2011 年		2012 年	
		小麦、玉米	棉花	小麦、玉米	棉花	小麦、玉米	棉花	小麦、玉米	棉花
1 月	上旬	3.38		3.35		3.67		2.86	
	中旬	4.63		4.89		4.31		3.03	
	下旬	6.76		5.93		4.87		5.15	
2 月	上旬	4.75		2.92		5.94		5.22	
	中旬	5.96		5.62		5.03		5.77	
	下旬	4.35		6.42		5.50		6.20	
3 月	上旬	8.56		6.93		9.11		7.48	
	中旬	18.48		14.99		17.38		12.32	
	下旬	18.66		21.17		24.48		20.51	
4 月	上旬	26.97	6.55	32.01	7.87	23.85	5.82	31.20	7.31
	中旬	28.04	6.02	22.71	4.85	39.44	8.45	26.35	5.51
	下旬	38.22	7.26	37.49	7.11	43.67	8.28	36.64	7.01
5 月	上旬	46.25	12.99	46.40	12.88	35.57	9.62	37.20	10.50
	中旬	31.81	17.64	36.86	19.80	42.48	22.80	39.68	21.80
	下旬	35.07	31.91	35.61	32.86	33.16	30.69	35.49	32.66
6 月	上旬		43.02		35.41		46.66		41.04
	中旬	22.54	47.14	25.05	52.17	21.33	44.64	29.18	62.19
	下旬	37.11	65.73	30.13	53.01	29.47	51.90	30.66	53.25

续 表

月份	旬	2009年		2010年		2011年		2012年	
		小麦、玉米	棉花	小麦、玉米	棉花	小麦、玉米	棉花	小麦、玉米	棉花
7月	上旬	34.70	51.90	31.02	45.80	35.25	52.12	28.34	41.05
	中旬	34.42	42.82	35.37	44.35	36.53	45.52	36.28	47.58
	下旬	42.89	45.59	57.17	60.79	51.59	55.24	61.35	62.09
8月	上旬	35.59	35.59	42.66	42.66	32.73	32.73	36.99	38.15
	中旬	40.76	40.76	34.31	34.31	34.87	34.87	34.90	33.22
	下旬	29.55	29.55	29.11	29.11	32.24	32.24	33.38	33.60
9月	上旬	20.06	20.06	20.44	20.44	18.94	18.94	23.79	24.33
	中旬		15.19		23.95		13.91		21.40
	下旬		18.78		16.16		18.01		17.37
10月	上旬	9.50		12.03		8.77		10.09	
	中旬	10.72		7.83		9.76		10.58	
	下旬	9.63		7.60		6.94		8.61	
11月	上旬	6.85		7.27		5.28		6.92	
	中旬	2.85		7.70		4.90		5.73	
	下旬	3.09		6.17		4.39		4.80	
12月	上旬	3.37		6.95		2.96		4.56	
	中旬	2.82		4.67		3.77		2.51	
	下旬	5.32		5.22		3.41		2.71	

2.2.2.2 作物需水与降水的时程分配

本次分析计算采用梁山水文站2009—2012年逐旬降水资料，降水资料如表2.3所示。

表2.3 2009—2012年灌区逐旬降水量 单位：mm

月份	旬	2009年	2010年	2011年	2012年
1月	上旬	0.00	0.00	0	0
	中旬	0.00	1.05	0	1.5
	下旬	0.00	0.00	0	0

续 表

月份	旬	2009 年	2010 年	2011 年	2012 年
2 月	上旬	9.90	5.85	4.2	0
	中旬	4.45	4.75	1.3	1.1
	下旬	10.05	7.75	21.3	0
3 月	上旬	0.50	1.45	1.2	5.3
	中旬	2.05	11.40	0.4	16.2
	下旬	29.15	2.05	0	20.9
4 月	上旬	0.00	0.20	6.40	1.40
	中旬	53.65	3.25	0.00	2.50
	下旬	0.65	32.45	8.90	41.90
5 月	上旬	30.40	3.00	62.60	0.00
	中旬	32.90	10.35	16.00	4.90
	下旬	27.85	7.00	0.00	0.00
6 月	上旬	19.00	12.20	9.10	2.40
	中旬	6.70	10.90	1.40	0.00
	下旬	19.30	18.20	22.30	1.10
7 月	上旬	41.95	101.00	36.90	168.80
	中旬	108.60	60.05	0.00	0.00
	下旬	18.75	0.05	36.20	3.20
8 月	上旬	12.95	80.85	75.50	54.10
	中旬	98.85	98.00	33.50	118.90
	下旬	23.85	66.35	21.60	25.70
9 月	上旬	15.40	137.65	6.70	1.30
	中旬	45.55	6.55	13.91	18.20
	下旬	0.45	5.50	18.01	0.20
10 月	上旬	1.65	0.00	2.1	0
	中旬	0.85	0.30	6.1	9.4
	下旬	10.50	2.00	26.5	9.2

续　表

月份	旬	2009年	2010年	2011年	2012年
11月	上旬	1.75	0.00	12.2	6.6
	中旬	20.30	0.10	41.6	0.4
	下旬	1.25	0.00	38.6	5
12月	上旬	0.35	0.00	10.4	0
	中旬	1.50	0.15	0	17.8
	下旬	0.00	0.00	0	6.3

为了更直观地比较作物逐旬需水量与降水量之间的关系，将逐旬需水量和降水量用直方图来表示，图2.3是2009—2012年小麦、玉米逐旬需水量和降水量。

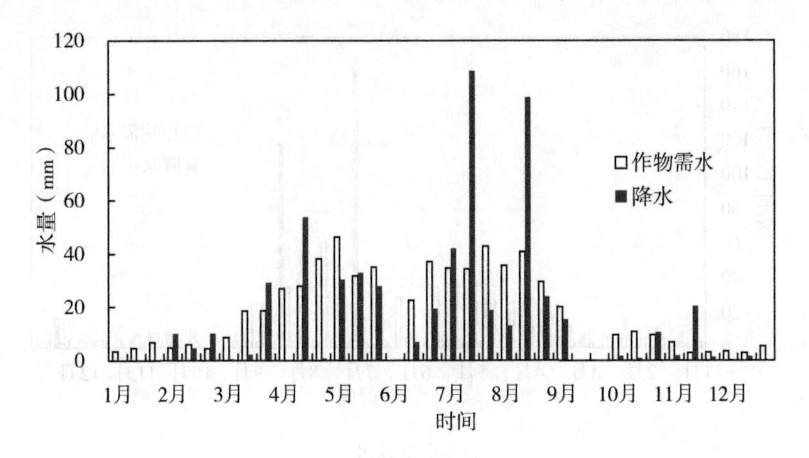

(a) 2009年

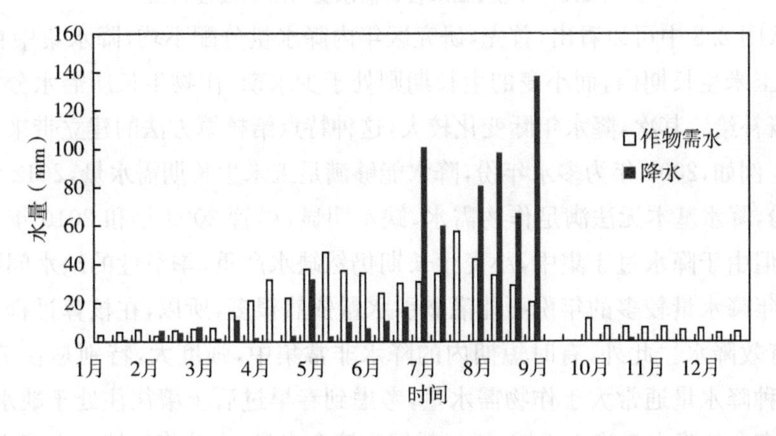

(b) 2010年

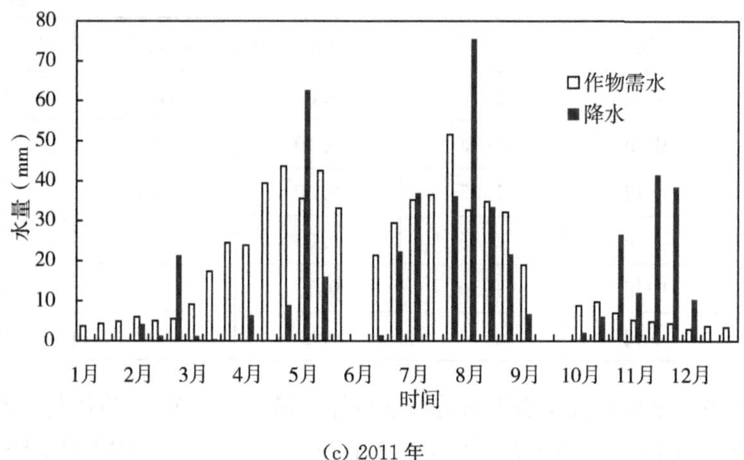

(c) 2011 年

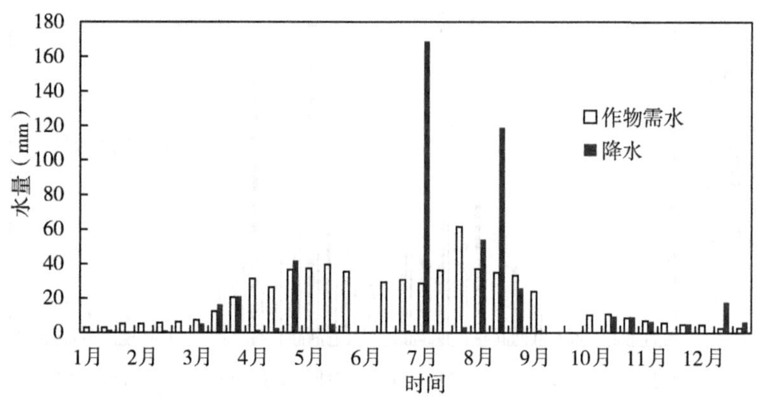

(d) 2012 年

图 2.3　小麦、玉米各旬需水量与降水量柱状图

从图 2.3 中可以看出，首先，研究区年内降水量分配不均，降水集中在 7—9 月，即玉米生长期内，而小麦的生长期则处于少水期，作物生长所需水分大部分由灌溉补给。其次，降水年际变化较大，这种特点给核算方法的建立带来了不确定性。例如，2009 年为多水年份，降水能够满足玉米生长期需水量，2012 年为少水年份，降水基本无法满足作物需水，缺水明显；尽管 2009 年和 2010 年为多水年份，但由于降水过于集中，小麦生长期仍然缺水严重，季节性的缺水问题依然突出，年降水量较多的年份可能灌溉引水量依然很多，所以，在核算过程中需要考虑有效降水。此外，有时短期内的降水非常集中，强度大，特别是在 7—9 月份，这种降水量通常大于作物需水量，考虑到春旱过后土壤往往处于缺水状态，因此，多余的降水量渗入土壤，增加耕层土壤含水量，水分将保持在土壤中，持续供给作物需水。

通过直方图可以直观地看出作物缺水情况，但是要进行用水量的核算还必须根据净灌溉需水量、灌溉面积、灌溉水利用系数等建立模型计算。

2.2.2.3 理论取水量与实际取水量

要计算理论取水量，首先要获知净灌溉需水量，乘以灌溉面积得到净灌溉需水总量，再除以灌溉水利用系数得到理论取水量。以 h 表示净灌溉需水量，ET_c 代表作物需水量，p 代表降水量，记降水有效利用系数为 1，即 $pe=p$。

$$h=\begin{cases}ET_c-p, & ET_c>p\\0, & ET_c\leqslant p\end{cases}$$

对于旱作物，有效降雨量指总降雨量中能够保存在作物根系层中用于满足作物蒸发蒸腾需要的那部分雨量，不包括地表径流和渗漏至作物根系吸水层以下的部分，考虑到高强度降水的滞后效应，对 h 进行修正。根据周景春等(2007)在《0～50 cm 土壤含水量与降水和蒸发的关系分析》一文中对土壤含水量的增减速率变化的研究，在一次较大的降水过程使耕层土壤含水量饱和后，如果连续多日无降水，则耕层土壤含水量会持续下降，根据文中的分析计算，耕层土壤相对含水量(土壤含水量/田间持水量，60%～80%为田间适宜含水量)从 80%下降到 60%需要 92 mm 的蒸发量，使耕层土壤相对含水量达到 80%以上的一次降水(过程)过后，在连续 10.7～38.3 d 无降水的情况下，耕层土壤相对含水量尚可维持在 60%以上。结合灌区作物蒸发蒸腾量，假定一次降水使土壤相对含水量达到 80%以上，则在无降水的情况下，20 d 内耕层的相对含水量可维持在 60%以上。因此需要对部分时段的净灌溉需水量进行修正，修正后的计算结果如表 2.4、表 2.5 所示。

根据灌区资料，灌区 2011 年和 2012 年的灌溉水利用系数取为 0.52，考虑到灌区在 2010 年进行过一次渠道衬砌，2009 年和 2010 年的灌溉水利用系数均为 0.51。净灌溉需水总量与灌溉水利用系数的商，即理论取水量。通过理论取水量的计算和实际取水量的监测，进而得到理论取水量与实际取水量的比值 α，称为折算系数。折算系数表示的是从作物理论需水到实际取水的转化系数，其中有农民对土地墒情的判断对灌水次数的影响，以及灌区民众多年积累的灌溉经验的影响。对于一个大型灌区，这种比值关系在一定时间段内是相对稳定的，通过计算每年的净灌溉需水量和折算系数就可以对当年的农业用水量进行核算。2009—2012 年的折算系数计算结果见表 2.6。

表 2.4　2009—2012 年小麦、玉米净灌溉需水量计算表

单位:mm

月份	旬	2009 年			2010 年			2011 年			2012 年		
		ET_c	p	h	ET_c	p	h	ET_c	p	h	ET_c	p	h
1 月	上旬	3.38	0	3.38	3.35	0	3.35	3.67	0	3.67	2.86	0	2.86
	中旬	4.63	0	4.63	4.89	1.05	3.84	4.31	0	4.31	3.03	1.5	1.53
	下旬	6.76	0	6.76	5.93	0	5.93	4.87	0	4.87	5.15	0	5.15
2 月	上旬	4.75	9.9	0	2.92	5.85	0	5.94	4.2	1.74	5.22	0	5.22
	中旬	5.96	4.45	0	5.62	4.75	0	5.03	1.3	3.73	5.77	1.1	4.67
	下旬	4.35	10.05	0	6.42	7.75	0	5.5	21.3	0	6.2	0	6.2
3 月	上旬	8.56	0.5	2.36	6.93	1.45	4.15	9.11	1.2	0	7.48	5.3	2.18
	中旬	18.48	2.05	16.43	14.99	11.4	3.59	17.38	0.4	16.98	12.32	16.2	0
	下旬	18.66	29.15	0	21.17	2.05	19.12	24.48	0	24.48	20.51	20.9	0
4 月	上旬	26.97	0	16.48	32.01	0.2	31.81	23.85	6.4	17.45	31.2	1.4	29.41
	中旬	28.04	53.65	0	22.71	3.25	19.46	39.44	0	39.44	26.35	2.5	23.85
	下旬	38.22	0.65	11.96	37.49	32.45	5.04	43.67	8.9	34.77	36.64	41.9	0
5 月	上旬	46.25	30.4	15.85	46.4	3	43.4	35.57	62.6	0	37.2	0	31.94
	中旬	31.81	32.9	0	36.86	10.35	26.51	42.48	16	0	39.68	4.9	34.78
	下旬	35.07	27.85	5.04	35.61	7	28.61	33.16	0	33.16	35.49	0	35.49
6 月	中旬	22.54	6.7	15.84	25.05	10.9	14.15	21.33	1.4	19.93	29.18	0	29.18
	下旬	37.11	19.3	17.81	30.13	18.2	11.93	29.47	22.3	7.17	30.66	1.1	29.56

续 表

月份	旬	2009年			2010年			2011年			2012年		
		ET_c	p	h	ET_c	p	h	ET_c	p	h	ET_c	p	h
7月	上旬	34.7	41.95	0	31.02	101	0	35.25	36.9	0	28.34	168.8	0
	中旬	34.42	108.6	0	35.37	60.05	0	36.53	0	34.88	36.28	0	0
	下旬	42.89	18.75	0	57.17	0.05	0	51.59	36.2	15.39	61.35	3.2	58.15
8月	上旬	35.59	12.95	22.64	42.66	80.85	0	32.73	75.5	0	36.99	54.1	0
	中旬	40.76	98.85	0	34.31	98	0	34.87	33.5	0	34.9	118.9	0
	下旬	29.55	23.85	0	29.11	66.35	0	32.24	21.6	10.64	33.38	25.7	0
9月	上旬	20.06	15.4	4.66	20.44	137.65	0	18.94	6.7	12.24	23.79	1.3	22.49
10月	上旬	9.5	1.65	7.85	12.03	0	0	8.77	2.1	6.67	10.09	0	10.09
	中旬	10.72	0.85	9.87	7.83	0.3	7.53	9.76	6.1	3.66	10.58	9.4	1.18
	下旬	9.63	10.5	0	7.6	2	5.6	6.94	26.5	0	8.61	9.2	0
11月	上旬	6.85	1.75	4.23	7.27	0	7.27	5.28	12.2	0	6.92	6.6	0
	中旬	2.85	20.3	0	7.7	0.1	7.6	4.9	41.6	0	5.73	0.4	5.33
	下旬	3.09	1.25	0	6.17	0	6.17	4.39	38.6	0	4.8	5	0
12月	上旬	3.37	0.35	3.02	6.95	0	6.95	2.96	10.4	0	4.56	0	4.36
	中旬	2.82	1.5	1.32	4.67	0.15	4.52	3.77	0	0	2.51	17.8	0
	下旬	5.32	0	5.32	5.22	0	5.22	3.41	0	3.41	2.71	6.3	0
总计		633.66	586.05	175.45	654	666.15	271.75	641.59	493.9	298.59	646.48	523.5	343.62

表 2.5　2009—2012 年棉花净灌溉需水量计算表

单位：mm

月份	旬	2009 年			2010 年			2011 年			2012 年		
		ET_c	p	h	ET_c	p	h	ET_c	p	h	ET_c	p	h
4 月	上旬	6.55	0	6.55	7.87	0.2	7.67	5.82	6.4	0	7.31	1.4	0
	中旬	6.02	53.65	0	4.85	3.25	1.6	8.45	0	7.29	5.51	2.5	3.01
	下旬	7.26	0.65	0	7.11	32.45	0	8.28	8.9	0	7.01	41.9	0
5 月	上旬	12.99	30.4	0	12.88	3	0	9.62	62.6	0	10.5	0	0
	中旬	17.64	32.9	0	19.8	10.35	9.45	22.8	16	0	21.8	4.9	16.9
	下旬	31.91	27.85	4.06	32.86	7	25.86	30.69	0	30.69	32.66	0	32.66
6 月	上旬	43.02	19	24.02	35.41	12.2	23.21	46.66	9.1	37.56	41.04	2.4	38.64
	中旬	47.14	6.7	40.44	52.17	10.9	41.27	44.64	1.4	43.24	62.19	0	62.19
	下旬	65.73	19.3	46.43	53.01	18.2	34.81	51.9	22.3	29.6	53.25	1.1	52.15
7 月	上旬	51.9	41.95	9.95	45.8	101	0	52.12	36.9	15.22	41.05	168.8	0
	中旬	42.82	108.6	0	44.35	60.05	0	45.52	0	45.52	47.58	0	0
	下旬	45.59	18.75	0	60.79	0.05	45.04	55.24	36.2	19.04	62.09	3.2	58.89
8 月	上旬	35.59	12.95	22.64	42.66	80.85	0	32.73	75.5	0	38.15	54.1	0
	中旬	40.76	98.85	0	34.31	98	0	34.87	33.5	0	33.22	118.9	0
	下旬	29.55	23.85	0	29.11	66.35	0	32.24	21.6	10.64	33.6	25.7	0
9 月	上旬	20.06	15.4	4.66	20.44	137.65	0	18.94	6.7	12.24	24.33	1.3	23.03
	中旬	15.19	45.55	0	23.95	6.55	0	13.91	13.91	0	21.4	18.2	3.2
	下旬	18.78	0.45	0	16.16	5.5	10.66	18.01	18.01	0	17.37	0.2	17.17
总计		538.5	556.8	158.75	543.53	653.55	199.57	532.44	369.02	251.04	560.06	444.6	307.84

表 2.6　折算系数的计算

年份	作物种类	灌溉面积（km^2）	净灌溉需水量（mm）	净灌溉需水总量（万 m^3）	灌溉水利用系数	理论取水量（万 m^3）		实际取水量（万 m^3）	折算系数 α
2009	小麦、玉米	276.247	175.46	4 847.00	0.51	9 504	10 789	9 830	1.10
	棉花	41.279	158.76	655.34	0.51	1 285			
2010	小麦、玉米	276.247	271.75	7 506.89	0.51	14 719	16 335	9 900	1.65
	棉花	41.279	199.58	823.84	0.51	1 615			
2011	小麦、玉米	276.247	298.57	8 247.95	0.52	15 861	17 854	10 240	1.74
	棉花	41.279	251.04	1 036.28	0.52	1993			
2012	小麦、玉米	276.247	343.62	9 492.50	0.52	18 255	20 698	11 230	1.84
	棉花	41.279	307.82	1 270.66	0.52	2 444			

通过计算得出，折算系数均在 1 和 2 之间，总体上与净灌溉需水量呈正相关关系，如图 2.4 所示，折算系数随着净灌溉需水量的增大而增大。对陈垓灌区的折算系数进行分析，验证了采用作物需水方法进行农业用水量核算的可行性，为进一步进行更大区域内的农业用水核算提供了理论依据。

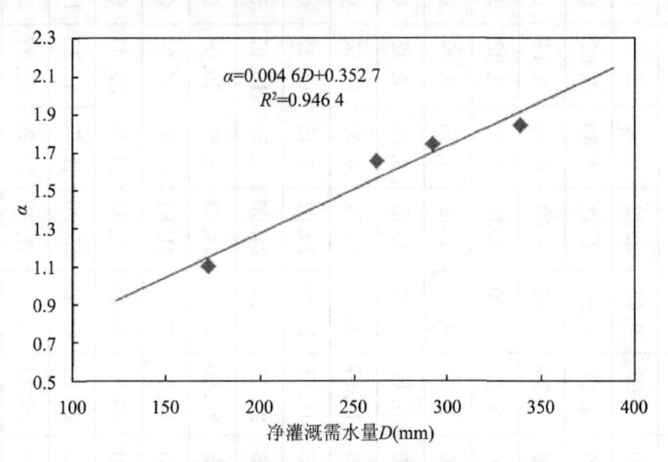

图 2.4　陈垓灌区 α 与净灌溉需水量的关系图

2.2.2.4　梁山县农业用水量核算

通过陈垓灌区对核算方法的建立以及计算过程进行了研究，下面以梁山县 2001—2010 年的资料建立折算系数计算模型，采用 2011 年和 2012 年的资料进行验证与核算。根据 2001—2012 年济宁市水资源公报确定梁山县灌溉面积、用水量和作物种类。计算过程和结果见表 2.7、表 2.8、表 2.9，表 2.7、表 2.8 为逐旬需水量和降水量，表 2.9 为逐旬净灌溉需水量。2009—2012 年净灌溉需水量计算结果与 2.2.2.3 小节相同，表 2.9 中不再赘述。2001—2010 年折算系数(α)结果见表 2.10。

表 2.7　冬小麦、夏玉米逐旬降水量和需水量计算表

单位:mm

时段		2001 年		2002 年		2003 年		2004 年		2005 年		2006 年		2007 年		2008 年	
		p	ET_c	p	ET_c	p	ET_c	p	ET_c	p	ET_c	p	ET_c	p	ET_c	p	ET_c
1 月	上旬	23.20	2.91	0.00	6.69	0.75	3.22	0.00	3.80	0.00	3.35	0.10	3.14	0.00	2.71	1.40	4.00
	中旬	0.20	2.19	6.70	4.17	0.00	4.93	1.80	3.65	0.00	3.29	0.35	3.10	0.00	3.74	5.45	2.37
	下旬	3.75	3.51	0.00	5.56	3.65	4.58	0.00	5.14	0.05	4.87	3.30	3.66	0.00	5.51	1.30	3.21
2 月	上旬	6.50	3.12	0.00	8.27	3.20	5.31	0.00	6.22	3.35	4.24	2.30	4.18	1.35	6.11	0.00	3.97
	中旬	4.35	5.16	0.00	8.19	0.00	6.48	1.05	9.06	6.30	3.46	1.80	6.76	4.15	6.78	0.00	6.13
	下旬	10.80	4.43	0.00	6.11	4.90	4.38	9.20	7.92	0.05	5.24	4.30	5.39	5.75	6.13	7.50	7.32
3 月	上旬	0.00	12.82	3.90	10.57	6.75	8.73	0.00	12.05	0.00	10.96	0.70	9.71	57.60	7.14	0.00	11.83
	中旬	0.20	17.52	3.65	16.58	16.80	10.67	4.45	15.13	0.00	13.41	0.00	16.77	5.15	9.10	1.50	17.20
	下旬	0.95	25.41	0.15	25.51	1.35	24.90	0.55	16.97	5.25	22.19	0.15	26.79	0.00	23.50	1.85	20.87
4 月	上旬	1.60	25.08	5.85	26.50	3.35	24.83	5.80	30.04	6.30	29.96	9.45	26.72	0.20	26.92	20.00	24.64
	中旬	0.00	39.99	2.40	40.76	59.70	31.83	0.40	35.26	0.95	36.74	2.45	32.98	5.70	29.15	43.35	24.93
	下旬	2.65	33.50	8.80	30.26	10.50	32.97	11.50	39.47	0.00	45.70	6.15	39.84	0.00	39.01	0.80	37.36
5 月	上旬	0.00	41.76	40.15	29.94	11.45	35.96	12.75	42.15	10.20	42.72	36.20	38.76	0.75	48.42	33.40	43.53
	中旬	0.00	48.22	54.20	29.14	11.95	31.38	28.70	38.27	38.10	32.38	7.80	38.45	2.25	45.11	23.55	35.68
	下旬	0.00	41.35	2.90	43.07	0.00	38.59	24.45	38.64	0.00	39.06	8.50	35.76	31.50	34.69	0.00	41.35
6 月	中旬	12.60	22.43	0.00	27.91	7.70	26.43	30.40	18.87	0.00	27.67	14.45	28.18	41.95	18.14	10.85	17.71
	下旬	47.55	29.24	40.45	22.51	40.55	27.48	12.15	30.96	127.10	29.68	59.70	26.05	96.90	23.90	16.25	28.11

续　表

时段		2001 年		2002 年		2003 年		2004 年		2005 年		2006 年		2007 年		2008 年	
		p	ET_c	p	ET_c	p	ET_c	p	ET_c	p	ET_c	p	ET_c	p	ET_c	p	ET_c
7 月	上旬	10.05	43.27	14.30	36.65	28.15	33.17	39.05	37.49	36.60	26.73	64.95	26.25	11.25	28.59	71.85	27.12
	中旬	18.15	45.97	10.25	50.28	131.15	27.88	135.10	27.36	19.95	40.00	16.65	32.12	118.75	32.33	96.60	28.48
	下旬	150.80	34.25	6.65	42.43	57.30	53.46	55.35	50.65	110.15	41.68	33.05	39.87	25.15	41.79	31.40	42.69
8 月	上旬	1.35	46.26	14.20	55.56	30.20	37.70	74.95	45.49	65.15	34.87	72.65	35.91	95.00	35.72	14.10	44.38
	中旬	3.10	39.26	2.15	36.43	17.95	31.42	75.45	33.35	22.90	44.54	1.35	40.07	5.55	36.97	82.50	32.89
	下旬	0.50	38.62	14.80	40.38	195.60	28.81	64.65	30.37	54.80	35.22	54.45	24.79	99.45	30.44	21.05	35.06
9 月	上旬	0.15	29.18	0.00	34.75	75.90	18.39	0.95	30.93	2.80	28.94	17.75	25.06	1.15	27.81	27.05	29.66
10 月	上旬	3.05	10.49	0.00	14.02	52.55	6.07	0.70	10.78	26.30	8.62	0.00	10.14	6.95	7.90	0.00	8.62
	中旬	2.40	8.31	9.95	11.23	87.25	9.00	0.35	7.80	1.85	7.46	0.25	8.17	5.05	7.93	0.25	10.41
	下旬	10.35	7.71	0.00	7.19	0.00	12.43	3.45	7.62	2.00	8.17	0.00	8.93	11.30	7.58	12.35	6.91
11 月	上旬	1.60	6.38	0.00	7.81	37.90	6.76	8.25	7.43	3.75	6.50	0.00	8.62	0.00	6.44	0.00	6.38
	中旬	0.25	5.83	0.45	5.58	6.75	4.69	2.40	4.96	3.85	4.15	0.20	5.69	3.40	5.15	2.75	5.11
	下旬	0.00	7.38	0.00	5.49	2.25	4.03	12.10	3.96	0.00	5.85	34.15	2.72	0.00	4.73	0.10	6.18
12 月	上旬	15.00	3.09	19.00	2.87	15.60	2.84	1.65	4.57	0.00	4.50	4.00	2.96	7.75	3.62	0.00	7.02
	中旬	1.60	3.51	0.70	2.28	0.00	3.26	0.25	2.99	0.00	3.82	0.00	3.72	0.25	3.02	0.00	4.66
	下旬	0.00	4.66	6.45	2.80	0.05	5.34	10.70	2.78	2.40	4.59	1.55	3.01	1.00	3.27	0.40	4.77
总计		332.70	692.81	268.05	697.49	921.20	607.92	628.55	662.13	550.15	660.56	458.70	624.27	645.25	619.35	527.60	630.55

表 2.8　棉花逐旬降水量和需水量计算表

单位：mm

时段		2001 年		2002 年		2003 年		2004 年		2005 年		2006 年		2007 年		2008 年	
		p	ET_c	p	ET_c	p	ET_c	p	ET_c	p	ET_c	p	ET_c	p	ET_c	p	ET_c
4 月	上旬	1.60	6.20	5.85	6.53	3.35	6.08	5.80	7.17	6.30	7.35	9.45	6.54	0.20	6.60	20.00	6.16
	中旬	0.00	8.56	2.40	8.76	59.70	6.84	0.40	7.84	0.95	7.85	2.45	7.06	5.70	6.23	43.35	5.05
	下旬	2.65	6.41	8.80	5.80	10.50	6.23	11.50	7.27	0.00	8.70	6.15	7.55	0.00	7.42	0.80	7.77
5 月	上旬	0.00	11.70	40.15	8.33	11.45	9.63	12.75	12.07	10.20	11.90	36.20	10.67	0.75	13.63	33.40	11.39
	中旬	0.00	26.19	54.20	15.43	11.95	16.86	28.70	22.06	38.10	17.23	7.80	21.17	2.25	24.43	23.55	20.10
	下旬	0.00	37.50	2.90	40.07	0.00	35.23	24.45	33.41	0.00	34.86	8.50	33.19	31.50	31.67	0.00	37.61
6 月	上旬	0.00	53.29	16.80	52.07	16.80	39.70	12.60	35.66	36.25	40.83	0.00	44.04	0.10	39.26	19.50	39.12
	中旬	12.60	46.76	0.00	58.32	7.70	54.86	30.40	40.15	0.00	57.76	14.45	58.74	41.95	37.98	10.85	33.90
	下旬	47.55	51.54	40.45	39.71	40.55	48.70	12.15	51.89	127.10	52.88	59.70	45.84	96.90	41.96	16.25	49.73
7 月	上旬	10.05	64.25	14.30	53.94	28.15	49.10	39.05	55.03	36.60	39.52	64.95	38.69	11.25	42.37	71.85	40.45
	中旬	18.15	57.33	10.25	62.87	131.15	34.46	135.10	34.81	19.95	49.96	16.65	40.44	118.75	40.30	96.60	34.74
	下旬	150.80	36.63	6.65	45.00	57.30	56.91	55.35	53.21	110.15	44.55	33.05	42.45	25.15	44.27	31.40	44.94
8 月	上旬	1.35	46.26	14.20	55.56	30.20	37.70	74.95	46.94	65.15	34.87	72.65	35.91	95.00	35.72	14.10	46.99
	中旬	3.10	39.26	2.15	36.43	17.95	31.42	75.45	31.83	22.90	44.54	1.35	40.07	5.55	36.97	82.50	30.62
	下旬	0.50	38.62	14.80	40.38	195.60	28.81	64.65	32.38	54.80	35.22	54.45	24.79	99.45	30.44	21.05	36.15
9 月	上旬	0.15	29.18	0.00	34.75	75.90	18.39	0.95	30.22	2.80	28.94	17.75	25.06	1.15	27.81	27.05	28.25
	中旬	6.25	22.95	29.70	20.37	34.45	24.39	26.85	24.41	135.60	18.84	0.00	21.36	1.65	24.27	6.35	24.15
	下旬	6.20	18.26	2.85	23.17	10.80	19.76	15.85	18.75	80.70	13.42	4.15	15.91	19.90	17.13	17.85	14.02
总计		260.95	600.89	266.45	607.49	743.50	525.07	626.95	545.10	747.55	549.22	409.70	519.48	557.20	508.46	536.45	511.14

表 2.9 作物逐旬净灌溉需水量

单位:mm

年		2001年		2002年		2003年		2004年		2005年		2006年		2007年		2008年	
月	旬	小麦、玉米	棉花	小麦、玉米	棉花	小麦、玉米	棉花	小麦、玉米	棉花	小麦、玉米	棉花	小麦、玉米	棉花	小麦、玉米	棉花	小麦、玉米	棉花
1月	上旬	0.00		6.69		0.00		3.80		0.00		3.04		2.71		2.60	
	中旬	0.00		0.00		4.93		1.85		3.29		2.75		3.74		0.00	
	下旬	0.00		5.56		0.93		5.14		4.82		0.36		5.51		0.00	
2月	上旬	0.00		8.27		2.11		6.22		0.89		1.88		4.76		3.97	
	中旬	0.00		8.19		6.48		8.01		0.00		4.96		2.63		6.13	
	下旬	0.00		6.11		0.00		0.00		2.35		1.09		0.38		0.00	
3月	上旬	6.45		6.67		1.98		10.77		10.96		9.01		0.00		11.65	
	中旬	17.32		12.93		0.00		10.68		13.41		16.77		0.00		15.70	
	下旬	24.46		25.36		17.42		16.42		16.94		26.64		23.50		19.02	
4月	上旬	23.48	4.60	20.65	0.68	21.48	2.73	24.24	1.37	23.66	1.05	17.27	0.00	26.72	6.40	4.64	0.00
	中旬	39.99	8.56	38.36	6.36	0.00	0.00	34.86	7.44	35.79	6.90	30.53	1.70	23.45	0.53	0.00	0.00
	下旬	30.85	3.76	21.46	0.00	0.00	0.00	27.97	0.00	45.70	8.70	33.69	1.40	39.01	7.42	18.14	0.00
5月	上旬	41.76	11.70	0.00	0.00	24.51	0.00	29.40	0.00	32.52	1.70	2.56	0.00	47.67	12.88	10.13	0.00
	中旬	48.22	26.19	0.00	0.00	19.43	3.09	9.57	0.00	0.00	0.00	30.65	0.00	42.86	22.18	12.13	0.00
	下旬	41.35	37.50	4.90	0.00	38.59	35.23	14.19	2.32	33.34	13.99	27.26	24.69	3.19	0.17	41.35	31.16
6月	上旬		53.29		22.82		22.90		23.06		4.58		44.04		39.16		19.62
	中旬	9.83	34.16	27.91	58.32	18.73	47.16	0.00	9.75	27.67	57.76	13.73	44.29	0.00	0.00	6.86	23.05
	下旬	0.00	3.99	0.00	0.00	0.00	8.15	7.28	39.74	0.00	0.00	0.00	0.00	0.00	0.00	11.86	33.48

续 表

年		2001年		2002年		2003年		2004年		2005年		2006年		2007年		2008年	
月	旬	小麦、玉米	棉花	小麦、玉米	棉花	小麦、玉米	棉花	小麦、玉米	棉花	小麦、玉米	棉花	小麦、玉米	棉花	小麦、玉米	棉花	小麦、玉米	棉花
7月	上旬	14.91	54.20	4.41	38.90	0.00	20.95	0.00	15.98	0.00	0.00	0.00	0.00	0.00	0.00	0.00	0.00
	中旬	27.82	39.18	40.03	52.62	0.00	0.00	0.00	0.00	0.00	30.01	0.00	0.00	0.00	0.00	0.00	0.00
	下旬	0.00	0.00	35.78	38.35	0.00	0.00	0.00	0.00	0.00	0.00	0.00	9.40	0.00	59.33	0.00	0.00
8月	上旬	0.00	0.00	41.36	41.36	0.00	7.11	0.00	0.00	0.00	0.00	0.00	0.00	0.00	0.00	30.28	32.89
	中旬	36.16	36.16	34.28	34.28	0.00	13.47	0.00	0.00	0.00	0.00	1.98	1.98	0.00	0.00	0.00	0.00
	下旬	38.12	38.12	25.58	25.58	0.00	0.00	0.00	0.00	0.00	0.00	0.00	0.00	0.00	0.00	0.00	0.00
9月	上旬	29.03	29.03	34.75	34.75	0.00	0.00	0.00	0.00	8.46	6.56	0.00	0.00	0.00	0.00	2.61	1.20
	中旬		16.70		0.00		0.00		0.00		0.00		21.36		22.62		17.80
	下旬		12.06		10.99		0.00		0.46		0.00		11.76		0.00		0.00
10月	上旬	7.44		14.02		0.00		10.08		0.00		10.14		0.95		8.62	
	中旬	5.91		1.28		0.00		7.45		0.00		7.92		2.88		10.16	
	下旬	0.00		7.19		0.00		4.17		6.17		8.93		0.00		0.00	
11月	上旬	4.78		7.81		0.00		0.00		2.75		8.62		2.72		0.94	
	中旬	5.58		5.13		0.00		1.74		0.30		5.49		1.75		2.36	
	下旬	7.38		5.49		1.78		0.00		5.85		0.00		4.73		6.08	
12月	上旬	0.00		0.00		0.00		0.00		4.50		0.00		0.00		7.02	
	中旬	0.00		0.00		3.26		2.74		3.82		0.00		0.00		4.66	
	下旬	4.66		0.00		5.29		0.00		2.19		1.46		2.27		4.37	
总计		465.50	409.20	450.17	365.01	166.92	160.79	236.58	100.12	285.38	131.25	266.73	160.62	241.43	170.69	241.28	159.20

表 2.10 折算系数计算表

年份	作物种类	种植面积（万亩）	缺水量（mm）	缺水量（万 m^3）		灌溉水利用系数	理论取水量（m^3）	实际取水量（m^3）	折算系数
2001	小麦、玉米	55.071	465.48	17 089.63	19 334.56	0.35	55 241.60	24 867	2.22
	棉花	8.229	409.21	2 244.93					
2002	小麦、玉米	55.906 2	450.16	16 777.82	18 810.63	0.44	42 751.43	17 800	2.40
	棉花	8.353 8	365.01	2 032.81					
2003	小麦、玉米	57.054 6	166.94	6 349.80	7 263.61	0.45	16 141.36	16 984	0.95
	棉花	8.525 4	160.78	913.81					
2004	小麦、玉米	58.194 3	236.59	9 178.79	9 759.20	0.49	19 916.73	14 429	1.38
	棉花	8.695 7	100.12	580.41					
2005	小麦、玉米	58.194 3	285.37	11 071.27	11 832.14	0.49	24 147.22	16 337	1.48
	棉花	8.695 7	131.25	760.87					
2006	小麦、玉米	64.797 6	266.72	11 521.88	12 558.67	0.50	25 117.34	17 840	1.41
	棉花	9.682 4	160.62	1 036.79					
2007	小麦、玉米	64.858 5	241.43	10 439.19	11 542.08	0.50	23 084.16	19 579	1.18
	棉花	9.691 5	170.70	1 102.89					
2008	小麦、玉米	56.062 8	241.29	9 018.26	9 907.42	0.50	19 814.84	18 634	1.06
	棉花	8.377 2	159.21	889.16					
2009	小麦、玉米	56.062 8	175.46	6 557.85	7 385.18	0.51	14 480.75	21 018	0.69
	棉花	8.377 2	148.14	827.33					
2010	小麦、玉米	55.653 9	271.75	10 082.63	11 189.11	0.51	21 939.43	24 461	0.90
	棉花	8.316 1	199.58	1 106.48					

建立净灌溉需水量与折算系数(α)之间的相关关系，见图 2.5，这里的净灌溉需水量是指各种作物以种植面积为权重的加权代数和。

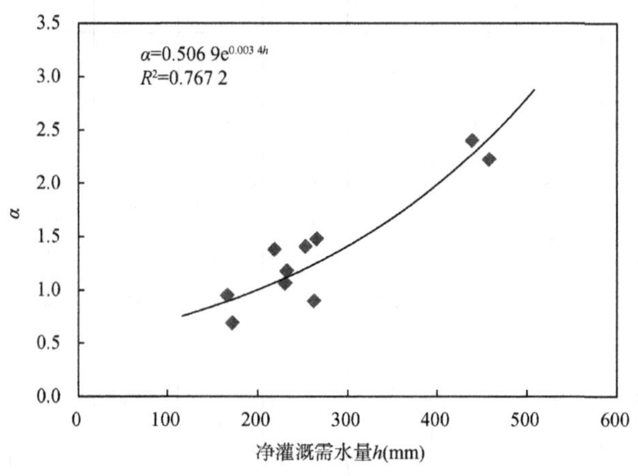

图 2.5 梁山县净灌溉需水量 h 与折算系数 α 相关关系图

通过回归分析确定折算系数 α 的计算公式为 $\alpha = 0.506\ 9e^{0.003\ 4h}$，根据所给公式计算已知 2011 年和 2012 年净灌溉需水量所对应的 α 值，并计算理论取水量，将得到的核算值与实际取水量比较，计算相对误差。结果见表 2.11。

表 2.11 梁山县农业用水核算相对误差表

年份	净灌溉需水量(mm)	α	理论取水量（万 m³）	核算值（万 m³）	实际取水量（万 m³）	相对误差（%）
2011 年	292.39	1.369 8	30 745	22 444.88	22 426	0.08
2012 年	338.97	1.604 9	35 630	22 200.76	22 543	−1.54

根据计算结果，核算的相对误差绝对值的平均值为 0.8%，模拟结果较好。根据净灌溉需水量 h 与折算系数 α 建立的相关关系和模型的验证结果，此种方法在县区尺度上进行用水量核算是可行的，本次研究的灌区属于引黄灌区，对于井灌区和湖灌区，此种方法同样适用，各种灌溉方式之间的区别主要是灌溉水利用系数的差异。对于相邻灌区，可以利用相同的计算模型进行用水量核算。

2.2.3 基于定额法的农业用水量核算

常用的需水量估算方法中，定额法由于具有直观、简便、便于考虑因素变化等特点，在农业需水计算工作中经常被采用。影响农业用水量的因素有很多，包括气象因素、灌溉方式、作物种类、灌溉面积等。当核算区域较大时，作物种类增加，影响灌溉用水量的不确定因素更为复杂，而且，对于缺少气象资料的地区，更适合采用定额法进行核算。本次定额法的研究利用了历史用水资料对地方标准灌溉定额进行修正,在综合分析历史用水数据的基础上,对农业用水量进行核算,并确定了定额法的核算精度。

2.2.3.1 基础灌溉定额的选取

本次研究采用历史资料,以山东省地方标准农业灌溉定额为基础,利用历史年份的实际用水量来修正灌溉定额,修正后的灌溉定额与基础灌溉定额之间的比值称为修正系数。分析历年修正系数的变化规律并确定核算年的修正系数,进而得到农作物的灌溉定额以及灌溉用水量。

参照山东省地方标准《山东省主要农作物灌溉定额》(DB 37/T 1640—2010),得到济宁市主要农作物50%保证率下(以畦灌和沟灌为主)的净灌溉定额,作为基础灌溉定额,见表2.12。根据济宁市统计年鉴得到2001—2012年济宁市主要农作物种植面积,见表2.13。

表2.12 济宁市主要农作物50%保证率灌溉定额

主要农作物	水稻	小麦	玉米	棉花	花生	大豆	菜田
灌溉定额(m^3/亩)	300	120	33	115	30	60	300

表2.13 济宁市2001—2012年主要农作物种植面积 单位:万亩

作物种类	2001年	2002年	2003年	2004年	2005年	2006年	2007年	2008年	2009年	2010年	2011年	2012年
水稻	76.5	75.0	34.5	60.0	52.5	60.0	61.5	65.1	69.9	68.9	69.3	42.75
小麦	472.5	457.5	432.0	363.0	423.0	465.0	457.5	474.0	520.5	530.2	529.2	498.6
玉米	303.0	310.5	270.0	282.0	228.0	276.0	276.0	292.4	317.8	341.1	381.3	405.0
棉花	94.5	87.0	148.5	154.5	168.0	168.0	186.0	179.2	160.8	155.5	146.4	126.6
花生	93.0	88.5	97.5	93.0	99.0	91.5	95.25	89.2	72.3	73.2	69.8	60.6
大豆	61.5	57.0	49.5	40.5	46.5	39.0	33.0	36.1	30.9	30.1	26.7	22.05
菜田	244.5	264.0	306.0	333.0	418.5	355.5	363.0	363.5	345.1	329.2	312.0	267.6

2.2.3.2 核算方法的建立

首先,用基础灌溉定额乘以种植面积得到理论用水量,然后比较理论用水量与实际用水量,计算相对误差,并通过调整当年灌溉定额使相对误差的绝对值≤5%,则调整后会有一个修正系数。以2001—2010年的用水量资料研究修正系数的变化规律,并通过确定合适的修正系数对2011年和2012年的农业用水量进行核算。以上是定额法核算农业用水量的基本技术路线。以济宁市为例,2001—2010年的修正系数计算过程及结果见表2.14,图2.6为2001—2010年修正后的灌溉定额。

表 2.14　修正系数计算过程及结果

作物种类		水稻	小麦	玉米	棉花	花生	大豆	菜田	理论用水量（万 m^3）	实际用水量（万 m^3）	相对误差(%)	修正系数 η
基础灌溉定额 M_0(m^3/亩)		300	120	33	115	30	60	300				
2001 年	播种面积(万亩)	76.5	472.5	303	94.5	93	61.5	244.5	180 347	233 832	−22.9	1.25
	用水量(万 m^3)	22 950	56 700	9 999	10 868	2 790	3 690	73 350				
	修正灌溉定额(m^3/亩)	375	150	41.25	143.8	37.5	75	375	225 433		−3.6	
	用水量(万 m^3)	28 688	70 875	12 499	13 584	3 487.5	4 612.5	91 688				
2002 年	播种面积(万亩)	75	457.5	310.5	87	88.5	57	264	182 927	226 710	−19.3	1.25
	用水量(万 m^3)	22 500	54 900	10 247	10 005	2 655	3 420	79 200				
	修正灌溉定额(m^3/亩)	375	150	41.25	143.8	37.5	75	375	228 658		0.9	
	用水量(万 m^3)	28 125	68 625	12 808	12 506	3 318.8	4 275	99 000				
2003 年	播种面积(万亩)	34.5	432	270	148.5	97.5	49.5	306	185 873	183 372	1.4	1
	用水量(万 m^3)	10 350	51 840	8 910	17 078	2 925	2 970	91 800				
2004 年	播种面积(万亩)	60.0	363.0	282.0	154.5	93.0	40.5	333.0	193 754	172 435	12.4	0.9
	用水量(万 m^3)	18 000	43 560	9 306	17 768	2 790	2 430	99 900				
	修正灌溉定额(m^3/亩)	270	108	29.7	103.5	27	54	270	174 378		1.1	
	用水量(万 m^3)	16 200	39 204	8 375	15 991	2 511	2 187	89 910				
2005 年	播种面积(万亩)	52.5	423.0	228	168.0	99.0	46.5	418.5	224 664	156 472	43.6	0.7
	用水量(万 m^3)	15 750	50 760	7 524	19 320	2 970	2 790	125 550				
	修正灌溉定额(m^3/亩)	210	84	23.1	80.5	21	42	210	157 265		0.5	
	用水量(万 m^3)	11 025	35 532	5 267	13 524	2 079	1 953	87 885				

续 表

作物种类		水稻	小麦	玉米	棉花	花生	大豆	菜田	理论用水量（万 m³）	实际用水量（万 m³）	相对误差(%)	修正系数 η
2006 年	播种面积(万亩)	60	465	276	168	91.5	39	355.5	213 963	167 647	27.6	0.75
	用水量(万 m³)	18 000	55 800	9 108	19 320	2 745	2 340	106 650				
	修正灌溉定额(m³/亩)	225	90	24.75	86.25	22.5	45	225	160 472		−4.3	
	用水量(万 m³)	13 500	41 850	6 831	14 490	2 058.8	1 755	79 987.5				
2007 年	播种面积(万亩)	61.5	457.5	276	186	95.25	33	363	217 586	189 641	14.7	0.85
	用水量(万 m³)	18 450	54 900	9 108	21 390	2 857.5	1 980	108 900				
	修正灌溉定额(m³/亩)	255	102	28.05	97.75	25.5	51	255	184 948		−2.5	
	用水量(万 m³)	15 683	46 665	7 742	18 182	2 428.9	1 683	92 565				
2008 年	播种面积(万亩)	65.1	474	292.4	179.2	89.2	36.1	363.5	220 559	194 979	13.1	0.9
	用水量(万 m³)	19 530	56 880	9 649	20 608	2 676	2 166	109 050				
	修正灌溉定额(m³/亩)	270	108	29.7	103.5	27	54	270	198 503		1.8	
	用水量(万 m³)	17 577	51 192	8 684	18 547	2 408.4	1 949.4	98 145				
2009 年	播种面积(万亩)	69.9	520.5	317.8	160.8	72.3	30.9	345.1	21 996	191 553	14.8	0.9
	用水量(万 m³)	20 970	62 460	10 487	18 492	2 169	1 854	103 530				
	修正灌溉定额(m³/亩)	270	108	29.7	103.5	27	54	270	197 966		3.3	
	用水量(万 m³)	18 873	56 214	9 439	16 643	1 952.1	1 668.6	93 177				
2010 年	播种面积(万亩)	68.9	530.2	341.1	155.5	73.2	30.1	329.2	216 195	195 057	10.8	0.9
	用水量(万 m³)	20 670	63 624	11 256	17 883	2 196	1 806	98 760				
	修正灌溉定额(m³/亩)	270	108	29.7	103.5	27	54	270	194 575		−0.2	
	用水量(万 m³)	18 603	57 262	10 131	16 094	1 976.4	1 625.4	88 884				

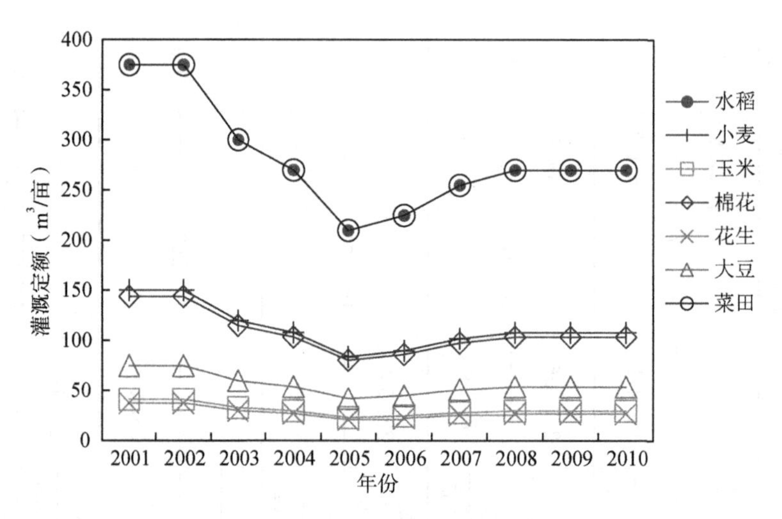

图 2.6　修正后的灌溉定额

由图 2.6 可知，灌溉定额在 2005 年之前处于下降趋势，说明灌区的灌溉水利用系数和灌溉管理水平在逐年提高，而 2005 年之后逐渐趋于稳定，表明影响灌溉定额的各种因素也逐渐趋于稳定。反映在修正系数上，2001 年和 2002 年两年的修正系数大于 1，即实际的灌溉定额大于所选的基础灌溉定额；而 2004—2010 年的修正系数均小于 1，说明灌区实际灌溉定额小于基础灌溉定额。灌溉定额和修正系数的变化趋势反映了灌区建设、灌区管理水平的提高及灌区种植结构的稳定化，这种趋势与灌区实际情况是相符的。在计算核算年的修正系数时采用近几年趋于稳定的修正系数的平均值的方法具有实际意义，与灌区实际的发展是相符的。由此得基于定额法对农业用水量进行核算的经验公式：

$$Q_n = \sum_{j=1}^{m} A_{nj} M_{j0} \frac{\eta_{n-1} + \eta_{n-2} + \cdots + \eta_{n-i}}{i}$$

式中：Q_n 为第 n 年的用水量核算值；A_{nj} 为第 n 年 j 作物的播种面积，m 为作物种类数；M_{j0} 为 j 作物的基础灌溉定额；η_{n-i} 为前 i 年的修正系数，i 一般取 3～5，根据修正系数的稳定程度而定。

2.2.3.3　用水量的核算

在对 2011 年和 2012 年进行核算时，取前四年修正系数的平均值，经过计算得 2011 年和 2012 年的修正系数均为 0.887 5，核算过程和结果见表 2.15。

表 2.15　济宁市农业用水量定额法核算结果

年份	2011 年				2012 年			
修正系数	0.887 5				0.887 5			
	播种面积(万亩)	基础灌溉定额(m^3/亩)	修正灌溉定额(m^3/亩)	用水量(万 m^3)	播种面积(万亩)	基础灌溉定额(m^3/亩)	修正灌溉定额(m^3/亩)	用水量(万 m^3)
水稻	69.3	300	266.3	18 451	42.75	300	266.3	11 382
小麦	529.2	120	106.5	56 360	498.6	120	106.5	53 101
玉米	381.3	33	29.29	11 167	405	33	29.29	11 863
棉花	146.4	115	102.06	14 942	126.6	115	102.06	12 921
花生	69.8	30	26.63	1 858.4	60.6	30	26.63	1 613.8
大豆	26.7	60	53.25	1 421.8	22.05	60	53.25	1 174.2
菜田	312	300	266.3	83 070	267.6	300	266.3	71 249
理论用水量(万 m^3)	189 281				165 315			
实际用水量(万 m^3)	174 309				176 075			
相对误差(%)	7.4				−7.3			

从核算结果来看，相对误差为 7.4%和−7.3%，较为合理。由于作物种植结构、灌溉方式、灌渠建设情况等因素的影响，2001—2006 年的修正系数不够稳定，而随着农业和灌溉技术的发展，2007 年以来修正系数趋于稳定，因此选取近几年的倍比系数的平均值来进行核算。选取核算年之前3～5 年的倍比系数的平均值乘以基础灌溉定额得到核算年的灌溉定额，根据所求的灌溉定额核算农业需水量，此种方法简单易行，数据资料容易获得，适用于范围大或是缺少气象资料的地区，同时考虑了历史年份的用水规律，因此在不出现特枯水年或特丰水年以及灌溉结构不发生重大变化的前提下，核算方法是适用的。在用水量核算工作中，可以根据实际情况将定额法和作物需水量法结合应用。

2.3 小结

(1) 基于作物需水量的农业用水量核算方法,考虑了灌区农作物的种植结构和灌区内的气象因素,计算了主要作物的逐日需水量,通过彭曼-蒙蒂斯(Penman-Monteith)公式计算得到的作物需水量比较接近作物的实际需水量,并考虑降水时程分配,得到作物净灌溉需水量。通过研究发现,根据净灌溉需水量得到的理论取水量与实际取水量的比值与净灌溉需水量存在较好的正相关关系。因此,通过计算每年的净灌溉需水量即可对当年的农业用水量进行核算。通过此方法对 2011 年和 2012 年的农业用水量进行核算,核算结果合理,令人满意。综合分析,此方法具有较好的理论基础与物理意义,并且通过实际核算,误差不大。其缺点是,核算时对基础数据要求较高;此外在特殊年份,农作物需水量与理论需水量的偏差,也不能在该方法中得以体现。

(2) 基于定额法进行农业用水量核算。范围较大、种植结构难以确定的地区,或是缺少气象资料,可以采用定额法进行农业用水量的核算。本次定额法的研究利用历史用水资料对地方标准灌溉定额进行修正,在综合分析历史用水数据的基础上,对农业用水量进行核算,通过验证发现核算精度合理。因此,定额法可以和作物需水量法结合使用,根据地区实际情况选择合适的方法进行核算。

第3章 工业用水核算方法研究

3.1 济宁市工业概况

近年来，济宁市企业规模不断扩大，9 家企业营业收入过百亿元，4 家企业上榜中国企业 500 强。工业生产总体平稳，规模以上工业增加值同比增长12.5%。从工业门类看，制造业增长 18.6%，实现增加值占到规模以上工业的 58.2%；采掘业增长 4.1%，占 30.5%；电力、燃气及水的生产和供应业增长9.4%，占 11.3%。从轻重工业看，轻工业增长 19.8%，重工业增长 10.3%，轻重工业比为 26.0∶74.0。

济宁是煤炭资源大市，为全国重点开发的八大煤炭基地之一。济宁矿产资源丰富，以煤为主，其次为石灰石、石膏、重晶石、稀土、磷矿、铁矿石、铜、铅等。全市含煤面积 4 826 km^2，占全市总面积的 45%；已发现和探明储量的矿产有 70 多种，煤炭储量 260 亿 t，占全省的 50%；估计储量 1 500 m 以上的为 178 亿 t，主要分布于兖州、曲阜、邹城、微山等地。现已查明的有兖州、济宁、滕南、滕北、汶上、金乡、梁山、湖区、梁宝寺等九大煤田，自 1966 年国家投资开发兖州煤田以来，全市煤炭工业发展迅猛，先后有兖矿集团、枣矿集团、肥矿集团、淄博矿务局等八大煤炭工业单位进行大规模整体开发。

济宁电力资源丰富，发电装机容量 1 000 万 kW，占山东省的 1/6，居全国前列；邹县电厂装机容量 454 万 kW，是全国最大的燃煤电厂。由于历史原因以及产业结构不合理，煤炭、电力、纺织、造纸、医药等耗水量大的行业所占比例比较大，而制造业、高科技电子业等耗水量小的行业所占比例比较小，致使全市的工业用水量始终居高不下。2007 年起，济宁推动工业转型，改善产业结构，高效利用资源，加快升级传统产业，建设产业高新区，提速新兴产业发展。

济宁市大小用水企业共 1 188 个，而且行业众多，规模大小不一，用水水平高低不等。按照《国民经济行业分类》(GB/T 4754—2011),将济宁市1 188家(2011年)企业进行行业分类,共分为36类,表3.1为部分行业的代表企业及其工业总产值(万元)、取水量(万 m^3)、单位产值取水量(取水量与总产值的比值)。

根据表3.1,不同行业之间的用水差异很大,用水量较大的行业如采矿业和饮料制造业与用水量较小的行业如纺织业和皮革、毛皮、羽毛(绒)及其制品业之间取水量与产值的比值相差至少2个数量级,有的甚至能达到4个数量级,所以在选取典型企业时要充分考虑不同的行业分类。而在同一行业中也存在用水水平的差异,见表3.2,以煤炭开采和洗选业为例分析其差异。由表3.2可见,同一行业内,不同企业之间取水量与产值的比值最大与最小的相差达到30倍,所以在应用抽样方法时,在同一行业中选取典型企业时也应充分考虑不同用水水平企业所占比例及其代表性。工业用水量的另外一个重要特点就是用水企业的变动非常大,2010—2011年的企业个数急剧下降,用水量变化较大,给用水量的核算工作带来很大的不确定性。

表3.1 济宁市2011年企业行业分类及典型企业取水情况表

序号	行业类别	单位名称	总产值(万元)	总取水量(万 m^3)	万元产值取水量(m^3/万元)
1	煤炭开采和洗选业	兖矿集团有限公司兴隆庄煤矿	503 004	799	15.85
2	黑色金属矿采选业	济宁华丰工贸开发有限责任公司邹城市土山铁矿	1 320	3.87	29.32
3	有色金属矿采选业	微山华能稀土总公司	1 200	1.61	13.42
4	非金属矿采选业	山东省汶上县贤盛石材制品厂	805.19	0.284	3.53
5	农副食品加工业	嘉冠油脂化工有限公司	218 694	21.64	0.99
6	食品制造业	山东雪花生物化工股份有限公司	334 670	329.8	9.85
7	饮料制造业	燕京啤酒(曲阜三孔)有限责任公司	31 682	103.56	32.69
8	纺织业	山东翔宇化纤有限公司	516 208	0.474 1	0.01
9	纺织服装、鞋、帽制造业	嘉祥县腾达制衣有限公司	1 600	0.035 1	0.22
10	皮革、毛皮、羽毛(绒)及其制品业	山东济宁三星地毯有限公司	2 029	0.022 9	0.11
11	木材加工及木、竹、藤、棕、草制品业	山东森林木业有限公司	17 438	1.71	0.98

表3.2　煤炭开采和洗选业用水水平比较

序号	单位名称	工业总产值（万元）	总取水量（万 m^3）	万元产值取水量（m^3/万元）
1	兖矿集团有限公司兴隆庄煤矿	503 004	799	15.885
2	兖州煤业股份有限公司东滩煤矿	498 114	388	7.789
3	兖州煤业股份有限公司济宁三号煤矿	392 323	646	16.466
4	枣庄矿业（集团）付村煤业有限公司	260 000	35	1.346
5	兖州煤业股份有限公司济宁二号煤矿	274 446	289	10.530
6	肥城矿业集团梁宝寺能源责任有限公司	240 095	68	2.832
7	山东东山古城煤矿有限公司	238 684	13	0.545
8	山东裕隆矿业集团有限公司唐阳煤矿	67 628	57	8.428
9	山东东山王楼煤矿有限公司	67 000	23	3.433
10	山东省岱庄生建煤矿湖西矿井	65 067	58	8.914

通过对济宁市工业用水情况的初步分析发现，全市用水企业较多，而且行业分类多，如果对所有用水单位进行分析则工作量大且不易实现。以抽样法为代表的选择典型企业以及分行业考虑行业用水定额，是进行工业用水核算工作可行的两类技术方法。

3.2　工业用水量核算方法研究

工业用水量占社会总用水量的比重不容忽视，而受自然、经济、技术、管理等诸多因素的影响，工业用水量呈现复杂的动态变化过程。同时由于工业部门繁多，行业间用水规律千差万别，在实际工作中难以对所有的用水企业及其用水影响因素都进行分析。因此，本次研究首先采取抽样分析的方法，充分考虑样本的代表性，包括不同行业企业的代表性与同一行业不同用水水平的企业的代表性。在工业用水核算工作中尝试编制标准化的工业用水定额，通过单位产值用水量和各行业产值对用水量进行核算。抽样法与定额法的结果相互对比分析，以确定适合于水资源管理考核工作的工业用水量核算技术方法。

工业用水量的核算主要采用定额法和抽样法，在实际的操作中都有自己的优势。抽样方法是以样本代替总体的方法，具有经济性、时效性、准确性和灵活性等诸多优点，已经广泛应用于农产品产量、土地使用情况、工业生产、城乡居民生活等国民经济统计及生产管理工作中。用抽样方法可以选出典型用水企业样本，通过样本企业用水量推求工业用水总量。最后，通过核算数据与上报数据统计结果对比，给出核算结果。

自20世纪80年代以来，我国有关部门和部分地区曾多次制定和颁布过工业用水定额。工业用水定额是指在一定的生产技术条件下，规定生产单位产品或单位产值的水量标准。它反映了工业的技术、水平、管理等多方面的综合指标，总体呈下降趋势。工业用水定额指标为单位产品用水量或单位产值用水量。单位产品用水定额直接反映企业的用水水平，更接近企业的实际用水量。但工业产品众多、繁杂，有许多产品难以采用产品用水定额，就只能用产值用水定额。单位产值用水定额是创造单位产值时所需要的新鲜水量，以前较多采用的是万元工业产值新水量指标，即

$$V_{wf} = V_{yf}/Z$$

式中：V_{wf} 为万元工业产值用水量，m^3/万元；V_{yf} 为全年生产用水量，m^3；Z 为全年工业总产值，万元。

指定用水定额的方法有经验法、统计分析法、类比法、技术测定法和理论计算法五大类方法。

3.2.1 基于抽样法的工业用水量核算

3.2.1.1 典型企业的选取

由于工业用水部门种类繁多，本次研究按照《国民经济行业分类》(GB/T 4754—2011)，将济宁市1 188家(2011年)企业进行行业分类，共分为36类。每一行业的代表企业及其工业总产值(万元)、取水量(万 m^3)如表3.3所示。

表3.3 济宁市企业行业分类一览表

序号	行业类别(大类)	单位名称	工业总产值(万元)	总取水量(万 m^3)
1	煤炭开采和洗选业	兖矿集团有限公司兴隆庄煤矿	503 003.85	799.120 0
		兖州煤业股份有限公司济宁三号煤矿	392 322.57	646.100 0
		兖州煤业股份有限公司南屯煤矿	216 456.14	603.700 0
		兖州煤业股份有限公司济宁二号煤矿	274 445.90	288.677 4
		淄博矿业集团有限责任公司葛亭煤矿	69 544.00	332.009 0
		淄博矿业集团有限责任公司岱庄煤矿	143 875.00	253.466 0
		山东省七五生建煤矿	60 573.00	188.084 9

续 表

序号	行业类别（大类）	单位名称	工业总产值（万元）	总取水量（万 m³）
2	黑色金属矿采选业	济宁华丰工贸开发有限责任公司邹城市土山铁矿	1 320	3.871 4
		汶上县富全矿业有限公司	13 000	0.487 1
3	有色金属矿采选业	微山华能稀土总公司	1 200	1.61
		兖矿科澳铝业有限公司电解铝厂	274 680.6	51.132 9
4	非金属矿采选业	山东省汶上县贤盛石材制品厂	805.19	0.284 4
		汶上县大地石材制品厂	693.26	0.261 3
		汶上县佳源石材制品厂	711.61	0.283 4
		汶上县瑞发石材有限公司	798.91	0.303 4
		汶上县塔星石材有限公司	761.32	0.312 7
5	其他采矿业	肥城矿业集团杨营能源有限责任公司	1	5.302 3
6	农副食品加工业	嘉冠油脂化工有限公司	218 694.00	21.640 0
		济宁绿源食品有限公司	300 800.00	1.701 0
		泗水利丰食品有限公司	48 652.00	101.700 0
		山东呱呱鸭制品有限责任公司	36 535.90	15.855 0
		山东泗水水晶淀粉制品有限公司	8 625.00	14.616 0
		泗水县杨柳镇恒昌粉条厂	5 860.00	10.231 2
		金乡县盛达万吨冷藏有限责任公司	1 100.00	8.696 0
7	食品制造业	山东雪花生物化工股份有限公司	334 670.00	329.80
		今麦郎食品(兖州)有限公司	50 406.00	4.94
		山东圣花实业有限公司	72 773.00	3.18
		山东正大菱花生物科技有限公司	19 673.00	27.31
		济宁紫金花味精有限公司	32 223.00	19.91
8	饮料制造业	燕京啤酒(曲阜三孔)有限责任公司	31 682.00	103.56
		曲阜孔府家酒酿造有限公司	13 546.00	7.62
		燕京啤酒(山东无名)股份有限公司	13 210.00	45.10
		山东省微山县酿酒厂	5 340.00	4.08
		嘉祥县山东红太阳酒业有限公司	3 254.00	3.14

续 表

序号	行业类别（大类）	单位名称	工业总产值（万元）	总取水量（万 m^3）
9	纺织业	山东翔宇化纤有限公司	516 208.00	0.474 1
		山东梁山蓝天集团纺织有限公司	30 636.00	7.642 6
		山东圣润纺织有限公司	35 000.00	31.536 0
		山东鱼台凤竹纺织有限责任公司	2 923.28	10.019 2
		山东宏大樱花纺织有限公司	10 057.00	9.230 0
10	纺织服装、鞋、帽制造业	嘉祥县腾达制衣有限公司	1 600.00	0.035 1
		兖州圣凯罗服装有限公司	2 319.00	0.264 5
		济宁爱丝制衣有限公司	4 780.00	0.886 0
		梁山县鲁锦专业手工织绣有限公司	5 742.00	0.038 0
		上海派娜马服饰有限公司济宁分厂	460.00	2.110 0
		大成工贸有限公司	800.00	0.417 0
11	皮革、毛皮、羽毛(绒)及其制品业	山东济宁三星地毯有限公司	2029	0.022 9
		曲阜市制鞋厂	9 566	0.214 8
		嘉祥县金艺草制品有限公司	436	0.033 5
		济宁市众诚服装有限公司	1 060	0.025 4
12	木材加工及木、竹、藤、棕、草制品业	山东森林木业有限公司	17 438	1.71
		兖州市富林木业有限公司	21 183	1.342 5
		济宁市三联木业有限公司	4 987	5.5
		济宁万都木业有限公司	9 774	2.847
		山东新德蓝木业有限公司	1 300	0.736
		鱼台县圣华木业有限公司	1 700	0.250 7
		济宁森森木业有限公司	2 010	0.208 5
13	家具制造业	梁山县三友木器厂	110	0.008 2
		鱼台县盛泰木业有限公司	155	0.036
		嘉祥县飞虎家具厂	500	0.011 4
		微山县三木家具有限公司	580	0.003
		济宁市任城家具厂	1 086	0.037 1

续 表

序号	行业类别（大类）	单位名称	工业总产值（万元）	总取水量（万 m^3）
14	造纸及纸制品业	山东太阳纸业股份有限公司	2 608 356	1 134.79
		山东华金集团有限公司	341 692	700
		山东宏河矿业集团邹城恒翔纸业有限公司	5 468.47	20.189 2
		山东太阳纸业鱼台分公司	23 629	17.882 5
		济宁金升纸业有限公司	5 700	9.771
15	印刷业和记录媒介的复制	泗水县宏大伟业印务有限公司	6 552	0.279 5
		济宁华龙新型建材公司	500	0.581 6
		曲阜市华卫商业票据印务有限公司	1 000	0.153
		济宁诚信彩印有限公司	2 000	0.612
16	文教体育用品制造业	曲阜市冠达球业有限公司	6 000	0.632
		微山县得意玩具厂	860	0.185 3
		泗水泉林工艺品有限公司	700	0.128
		华龙运动制品有限公司	124	0.077 4
		济宁司波特曼健身器械厂	300	0.052 9
17	石油加工、炼焦及核燃料加工业	山东源根石油化工有限公司	91 327	2.014 9
		青岛钢铁集团兖州焦化厂	145 881	9.16
		山东济宁盛发焦化有限公司	57 170	26.453 6
		微山县同泰焦化有限公司	12 000	16.174
		山东兖矿国际焦化有限公司	11 304	2.59
18	化学原料及化学制品制造业	山东荣信煤化有限责任公司	320 000	75.3
		华勤橡胶工业集团	2 287 261	24.51
		兖矿国宏化工有限责任公司	122 683	971.96
		兖矿峄山化工有限公司	50 671	151
		济宁中银电化有限公司	55 000	131.57

续 表

序号	行业类别（大类）	单位名称	工业总产值（万元）	总取水量（万 m^3）
19	医药制造业	山东鲁抗辰欣药业有限公司	177 732	15
		山东鲁抗医药股份有限公司	198 367	132
		山东凯赛里能生物高科技有限公司	48 511	119
		山东圣鲁制药有限公司	38 456	63
		山东胜利生物工程有限公司	19 758	45
		济宁市六佳药用辅料有限公司	6 254	11
20	化学纤维制造业	山东海龙龙昊化纤有限公司	113.75	3.45
21	橡胶制品业	山东瀚邦胶带有限公司	27 808	0.47
		山东祥通胶带有限公司	38 085	0.604 3
		曲阜市神力橡塑有限公司	542	2.136 3
		山东晨光胶带有限公司	11 000	0.334
22	塑料制品业	山东东宏集团有限公司	62 842	1.447 3
		曲阜市鲁星塑料制品有限公司	9 864	0.111 9
		山东塑料制品试验厂有限公司	3 600	5.059 1
		山东省金乡县辉煌塑业有限公司	4 008	2.214 4
		济宁鲁花塑胶有限责任公司	2 200	1.893
23	非金属矿物制品业	曲阜中联水泥有限公司	114 653	3.056 2
		大宇水泥(山东)有限公司	74 030.6	29.747
		济宁海螺水泥有限责任公司	92 135.2	130
		金乡县金丰混凝土有限公司	5 450	17.04
		山东黄岗(集团)总公司	1 064	13.559
24	黑色金属冶炼及压延加工业	山东兖州合金钢股份有限公司	868 712	2.115
		济宁远达钢铁制造有限公司	21 000	18.9
		山东省金乡特钢厂	900	0.229
		微山县富鑫冶金有限公司	1 856	0.092 2
		山东省泗水县合金铸造厂	280	0.039 8

续 表

序号	行业类别（大类）	单位名称	工业总产值（万元）	总取水量（万 m^3）
25	有色金属冶炼及压延加工业	山东联诚集团有限公司	202 688	1.123
		曲阜远东铝业有限公司	5 419	8.023 6
		济宁远东高科技材料（集团）有限公司	1 570	2.970 2
		济宁汇泉钢管有限公司	8 354	0.032 2
26	金属制品业	嘉祥县东辰管业有限公司	17 590	0.777
		济宁锐博工程机械有限公司	40 896	6.13
		山东光磊钢结构有限公司	7 072	1.314 6
		鑫泰钢管有限公司	600	0.909
		曲阜远大集团工程有限公司	8 150	0.820 4
27	通用设备制造业	胜代机械（山东）有限公司	76 499	5.927 4
		济宁市恒松工程机械有限责任公司	47 367	10.22
		邹城市万达煤炭机械制造有限责任公司	29 452	0.359
		曲阜金皇活塞股份有限公司	19 511	21.728 1
		济宁精益轴承有限公司	13 500	6.98
28	专业设备制造业	山推工程机械股份有限公司	1 023 283	120.334 2
		兖矿集团大陆机械有限公司	54 269.8	31.23
		山拖农机装备有限公司	30 280	28.73
		济宁矿业集团煤矿机械厂	200	1.675 5
		山东安特机械有限公司	205	0.962 2
29	交通运输设备制造业	中国重型汽车集团济宁商用车有限公司	124 358	5.202 4
		山东济宁车轮厂	22 640	16.756 3
		济宁交通运输集团有限公司汽车修理总厂	920	3.9
		嘉祥县汽车配件厂	7 557	0.595
		金乡县强力机械厂	159.78	0.376
30	电气机械及器材制造业	山东鲁强电缆（集团）股份有限公司	86 591	4.307 4
		山东圣阳电源股份有限公司	96 694	14.668
		济宁市远征蓄电池有限公司	21 048	2.033 7

续 表

序号	行业类别（大类）	单位名称	工业总产值（万元）	总取水量（万 m³）
30	电气机械及器材制造业	山东山防防爆电机有限公司	9 360	5.266 4
		曲阜金升电机有限公司	7 448	1.080 3
31	通信设备、计算机及其他电子设备制造业	山东英特力光通信开发有限公司	70 426	4.054
		山东新风光电子科技有限公司	12 488.884	0.943 7
		济宁佳华电子材料有限公司	1 050	3.540 1
32	仪器仪表及文化、办公用机械制造业	曲阜市华特环保科技有限公司	1 300	0.056 8
		兖州市云龙科技开发有限公司	130	0.118 4
		济宁鲁科检测器材有限公司	2 552.5	0.032 7
		济宁浩珂矿业工程设备有限公司	57 550	4.59
33	工艺品及其他制造业	鱼台青林工艺品有限公司	3 000	0.203 6
		金乡县圣亚达铅笔有限公司	5 883	0.031 5
		曲阜市儒雅地毯有限公司	190	3.356 7
		汶上县次丘镇赵村赵相忠煤球厂	20	0.046 7
34	废弃资源和废旧材料回收加工业	济宁市远东医疗垃圾无害化处理有限公司	1 620	0.147
35	电力、热力的生产和供应业	兖矿科澳铝业公司济三电厂	57 000	582
		山东济矿鲁能煤电有限公司阳城电厂	40 867	327
		华能嘉祥发电有限公司	124 027	668
		华能国际电力股份有限公司济宁电厂	169 500	432
		华电国际电力股份有限公司邹县发电厂	495 776	3 534
		华电邹县发电有限公司	402 278	2013
36	燃气生产和供应业	嘉祥县瑞祥燃气有限公司	1 200	0.026 3
		曲阜富华燃气有限公司	3 994	1.231 4
		兖州市煤气公司	2 310	1.712 6

对企业进行行业分类后，在每一类行业中按企业规模及用水水平选择典型用水企业。根据2011年济宁市企业用水资料，本次研究选用年工业总产值（万元）与年总取水量（万 m³）两项指标，利用层次聚类分析方法，将每一类行业中的

企业分为三小类,再从每一小类中按总取水量选取典型企业。下面以煤炭开采和洗选业为例,详细介绍该行业类别中典型用水企业的选取。

(1) 聚类分析简介

聚类分析是将一批样本数据按照它们在性质上的亲密程度,在没有先验知识的情况下自动进行分类的方式。聚类分析的方法主要有两种,一种是“快速聚类分析方法”,一种是“层次聚类分析方法”。如果样本数目庞大(通常在 200 个以上),则宜采用快速聚类分析方法。本次研究基于实际情况,采用的是层次聚类分析方法。

层次聚类分析是根据样本值之间的亲密程度,以逐次聚合的方式,将最为相似的对象结合在一起。它有两种形式,一种是对样本(个案)进行分类,称为 Q 型聚类,使具有共同特点的样本聚齐在一起,以便对不同类的样本进行分析;另一种是对研究对象的观察变量进行分类,称为 R 型聚类,使具有共同特征的变量聚在一起,以便从不同类中分别选出具有代表性的变量进行分析,从而减少分析变量的个数。本次研究采用 Q 型聚类。

层次聚类分析中,测量样本之间的亲疏程度是关键,而亲疏程度主要通过样本之间的距离来度量。测量样本间距离的方法有多种,包括欧氏距离、欧氏距离平方、Chebychev 距离、Block 距离、Minkowski 距离、用户自定义距离等。本次研究采用的样本距离测量方法为欧氏距离平方法。该方法中两个样本之间的欧氏距离平方是各样本每个变量值之差的平方和,计算公式为:

$$SEUCLID = \sum_{i=1}^{k} (x_i - y_i)^2$$

式中:k 表示每个样本有 k 个变量;x_i 表示第一个样本在第 i 个变量上的取值;y_i 表示第二个样本在第 i 个变量上的取值。

在层次聚类分析中,还需要计算样本与小类(指在聚类过程中根据样本之间亲疏程度形成的中间类)、小类与小类之间的亲疏程度。其计算方法有多种,包括最短距离法、最长距离法、类间平均链锁法、类内平均链锁法、重心法、离差平方和法等。本次研究采用类间平均链锁法,即两个小类之间的距离为两个小类内所有样本间的平均距离。

(2) 煤炭开采和洗选业聚类分析

根据工业总产值和总取水量两项指标将煤炭开采和洗选业企业分为三类,聚类分析树状图和分析结果分别如图 3.1 和表 3.4 所示。

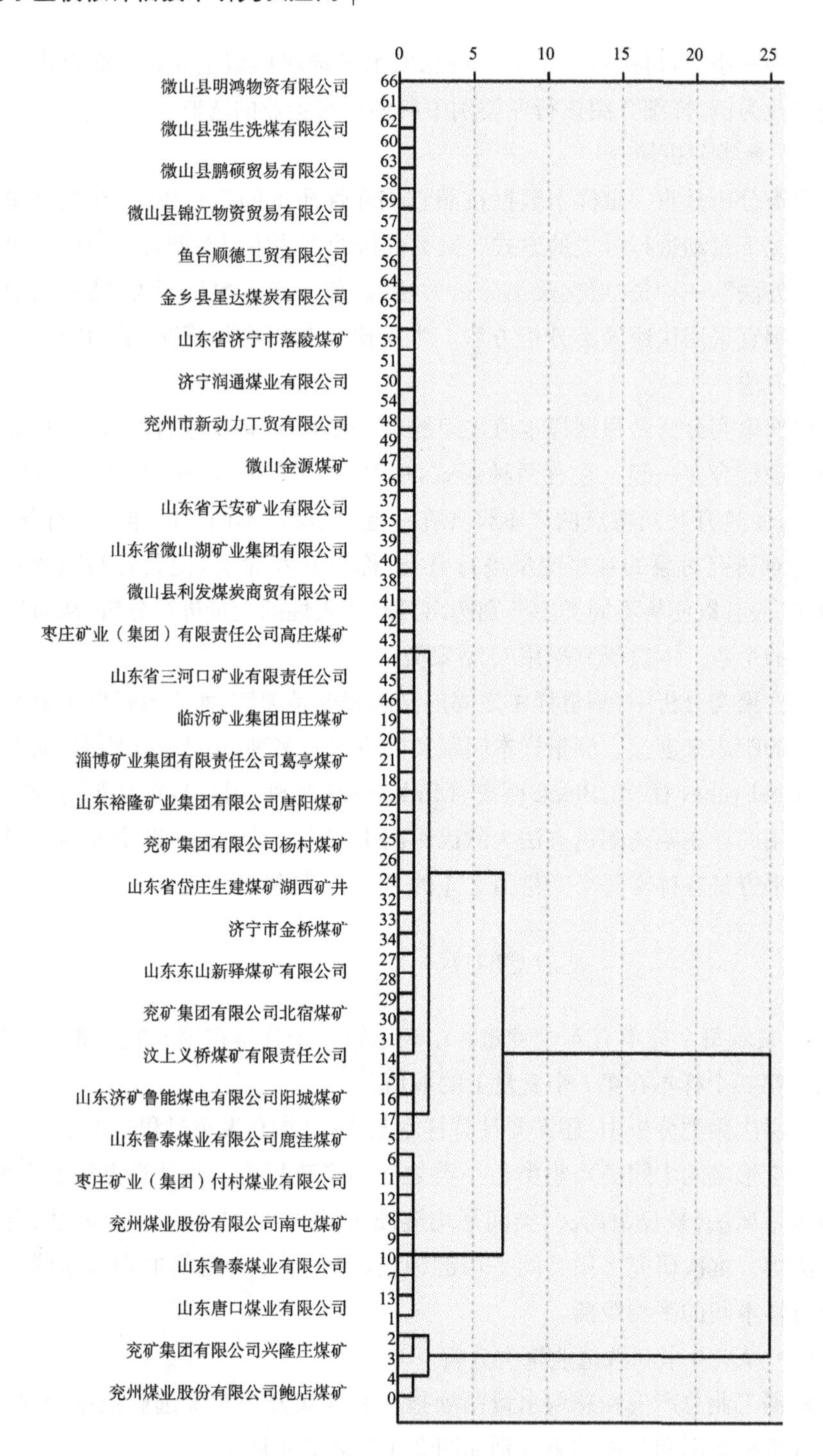

0
5
10
15
20
25
微山县明鸿物资有限公司
微山县强生洗煤有限公司
微山县鹏硕贸易有限公司
微山县锦江物资贸易有限公司
鱼台顺德工贸有限公司
金乡县星达煤炭有限公司
山东省济宁市落陵煤矿
济宁润通煤业有限公司
兖州市新动力工贸有限公司
微山金源煤矿
山东省天安矿业有限公司
山东省微山湖矿业集团有限公司
微山县利发煤炭商贸有限公司
枣庄矿业（集团）有限责任公司高庄煤矿
山东省三河口矿业有限责任公司
临沂矿业集团田庄煤矿
淄博矿业集团有限责任公司葛亭煤矿
山东裕隆矿业集团有限公司唐阳煤矿
兖矿集团有限公司杨村煤矿
山东省岱庄生建煤矿湖西矿井
济宁市金桥煤矿
山东东山新驿煤矿有限公司
兖矿集团有限公司北宿煤矿
汶上义桥煤矿有限责任公司
山东济矿鲁能煤电有限公司阳城煤矿
山东鲁泰煤业有限公司鹿洼煤矿
枣庄矿业（集团）付村煤业有限公司
兖州煤业股份有限公司南屯煤矿
山东鲁泰煤业有限公司
山东唐口煤业有限公司
兖矿集团有限公司兴隆庄煤矿
兖州煤业股份有限公司鲍店煤矿
66
61
62
60
63
58
59
57
55
56
64
65
52
53
51
50
54
48
49
47
36
37
35
39
40
38
41
42
43
44
45
46
19
20
21
18
22
23
25
26
24
32
33
34
27
28
29
30
31
14
15
16
17
5
6
11
12
8
9
10
7
13
1
2
3
4
0

图 3.1　聚类分析树状图

表3.4 煤炭开采和洗选业聚类分析结果

序号	单位名称	工业总产值（万元）	总取水量（万 m³）	聚类结果
1	兖矿集团有限公司兴隆庄煤矿	503 004	799	3
2	兖州煤业股份有限公司东滩煤矿	498 114	388	3
3	兖州煤业股份有限公司鲍店煤矿	441 896	583	3
4	兖州煤业股份有限公司济宁三号煤矿	392 323	646	3
5	兖州煤业股份有限公司济宁二号煤矿	274 446	289	2
6	枣庄矿业(集团)付村煤业有限公司	260 000	35	2
7	山东唐口煤业有限公司	249 000	177	2
8	肥城矿业集团梁宝寺能源责任有限公司	240 095	68	2
9	山东鲁泰煤业有限公司	239 656	24	2
10	山东东山古城煤矿有限公司	238 684	13	2
11	淄博矿业集团有限责任公司许厂煤矿	217 560	206	2
12	兖州煤业股份有限公司南屯煤矿	216 456	604	2
13	枣庄矿业(集团)有限责任公司新安煤矿	185 540	36	2
14	淄博矿业集团有限责任公司岱庄煤矿	143 875	253	1
15	山东济矿鲁能煤电有限公司阳城煤矿	132 793	98	1
16	微山县崔庄煤矿有限责任公司	120 000	35	1
17	山东鲁泰煤业有限公司鹿洼煤矿	100 370	51	1
18	山东济宁运河煤矿有限责任公司	72 830	142	1
19	临沂矿业集团田庄煤矿	70 554	130	1
20	山东省岱庄生建煤矿	70 230	75	1
21	淄博矿业集团有限责任公司葛亭煤矿	69 544	332	1
22	山东裕隆矿业集团有限公司唐阳煤矿	67 628	57	1
23	山东东山王楼煤矿有限公司	67 000	23	1
24	山东省岱庄生建煤矿湖西矿井	65 067	58	1
25	兖矿集团有限公司杨村煤矿	64 262	166	1

续 表

序号	单位名称	工业总产值（万元）	总取水量（万 m^3）	聚类结果
26	山东裕隆矿业集团有限公司单家村煤矿	63 646	77	1
27	山东东山新驿煤矿有限公司	61 215	7	1
28	山东省七五生建煤矿	60 573	188	1
29	兖矿集团有限公司北宿煤矿	57 422	90	1
30	山东宏河矿业集团有限公司	57 389	35	1
31	汶上义桥煤矿有限责任公司	54 487	48	1
32	山东里能鲁西矿业有限公司	51 600	79	1
33	济宁市金桥煤矿	51 366	57	1
34	山东省兖州市大统矿业有限公司	47 586	3	1
35	山东省天安矿业有限公司	41 645	19	1
36	微山金源煤矿	36 195	50	1
37	山东济宁花园煤矿有限公司	32 000	33	1
38	兖州煤业股份有限公司铁路运输处	27 390	36	1
39	山东里能新河矿业有限公司	25 600	56	1
40	山东省微山湖矿业集团有限公司	25 220	28	1
41	微山县利发煤炭商贸有限公司	21 783	13	1
42	济宁何岗煤矿	21 000	12	1
43	枣庄矿业(集团)有限责任公司高庄煤矿	18 974	20	1
44	济宁市蔡园生建煤矿	18 000	55	1
45	山东省三河口矿业有限责任公司	16 987	93	1
46	柴里煤矿袁堂井	15 000	8	1
47	兖矿集团唐村实业有限公司	11 111	38	1
48	微山湖矿业集团泗河煤矿	8 972	18	1
49	兖州市新动力工贸有限公司	8 681	0	1
50	济宁顺华煤业有限公司	6 740	2	1
51	山东省济宁市落陵煤矿	6 000	7	1

续 表

序号	单位名称	工业总产值（万元）	总取水量（万 m^3）	聚类结果
52	金乡县星达煤炭有限公司	5 621	0	1
53	山东鱼台薛焦煤化有限公司	5 308	1	1
54	济宁润通煤业有限公司	4 200	0	1
55	微山县锦江物资贸易有限公司	1 780	2	1
56	微山县天元洗选有限公司	1 500	0	1
57	山东岱庄翔龙煤炭洗选有限公司	1 236	14	1
58	微山县得惠贸易有限公司	1 120	0	1
59	微山县鹏硕贸易有限公司	1 100	10	1
60	隆昌煤业有限公司	975	0	1
61	山东舜兴煤业有限公司	900	0	1
62	微山县明鸿物资有限公司	900	2	1
63	微山县强生洗煤有限公司	720	0	1
64	鱼台顺德工贸有限公司	500	4	1
65	肥城矿业集团梁宝寺能源有限公司(二号井)	0	2	1

由上表可知，聚类分析过程按工业总产值与总取水量的大小进行分类。“聚类结果”一列中为“3”表示工业总产值与总取水量均较大，反映了企业规模与用水水平也较高，“2”则表示工业总产值与总取水量次之，“1”则表示企业的两项指标均较低。

为减少样本企业的数目，需要在每一组聚类中选择一家企业作为典型样本企业，分别代表企业规模与用水水平的高、中、低三类。为了所选企业能代表该小类中所有企业的总体用水水平，先求出小类中所有企业总取水量的平均值，再从中选择总取水量与该平均值最相近的企业作为典型样本企业。

按此方法，煤炭开采和洗选业的典型样本企业分别为兖州煤业股份有限公司鲍店煤矿、山东唐口煤业有限公司、微山金源煤矿。

(3)济宁市各行业典型用水企业的选取

根据煤炭开采与洗选业选取典型用水企业的方法，在各行业中选取相对应的典型企业，共100家。具体结果如表3.5所示。

表 3.5 济宁市各行业典型用水企业

序号	行业类别	聚类结果	典型企业名称
1	煤炭开采和洗选业	3	兖州煤业股份有限公司鲍店煤矿
		2	山东唐口煤业有限公司
		1	微山金源煤矿
2	黑色金属矿采选业	2	汶上县富全矿业有限公司
		1	济宁华丰工贸开发有限责任公司邹城市土山铁矿
3	有色金属矿采选业	2	兖矿科澳铝业有限公司电解铝厂
		1	微山华能稀土总公司
4	非金属矿采选业	3	邹城市恒泰玻璃纤维制品有限公司
		2	汶上县大地石材制品厂
		1	山东泗水昌达石材有限公司
5	其他采矿业	1	肥城矿业集团杨营能源有限责任公司
6	农副食品加工业	3	嘉冠油脂化工有限公司
		2	山东呱呱鸭制品有限责任公司
		1	济宁岳泰饲料有限公司
7	食品制造业	3	山东雪花生物化工股份有限公司
		2	山东圣花实业有限公司
		1	济宁维维乳业有限公司
8	饮料制造业	3	燕京啤酒(曲阜三孔)有限责任公司
		2	燕京啤酒(山东无名)股份有限公司
		1	山东梁山酿酒总厂有限公司
9	纺织业	3	山东翔宇化纤有限公司
		2	山东圣润纺织有限公司
		1	鱼台县蛟龙纺织有限公司
10	纺织服装、鞋、帽制造业	3	汶上县美函服饰有限公司
		2	济宁爱丝制衣有限公司
		1	鱼台恒源服装有限公司

续 表

序号	行业类别	聚类结果	典型企业名称
11	皮革、毛皮、羽毛(绒)及其制品业	3	山东济宁三星地毯有限公司
		2	曲阜市制鞋厂
		1	山东济宁皮革公司
12	木材加工及木、竹、藤、棕、草制品业	3	山东森林木业有限公司
		2	济宁惠宜佳木业有限公司
		1	嘉祥县丰源木业有限公司
13	家具制造业	3	鱼台县盛泰木业有限公司
		2	嘉祥县飞虎家具厂
		1	济宁市任城家具厂
14	造纸及纸制品业	3	山东太阳纸业股份有限公司
		2	山东华金集团有限公司
		1	济宁信源包装有限公司
15	印刷业和记录媒介的复制	3	泗水县宏大伟业印务有限公司
		2	曲阜市华卫商业票据印务有限公司
		1	济宁诚信彩印有限公司
16	文教体育用品制造业	3	曲阜市冠达球业有限公司
		2	济宁三利手套有限公司
		1	济宁司波特曼健身器械厂
17	石油加工、炼焦及核燃料加工业	3	山东源根石油化工有限公司
		2	青岛钢铁集团兖州焦化厂
		1	山东兖矿国际焦化有限公司
18	化学原料及化学制品制造业	3	山东荣信煤化有限责任公司
		2	华勤橡胶工业集团
		1	济宁圣城化工实验有限责任公司
19	医药制造业	3	山东鲁抗医药股份有限公司
		2	山东圣鲁制药有限公司
		1	济宁华能生科有限公司

续 表

序号	行业类别	聚类结果	典型企业名称
20	化学纤维制造业	1	山东海龙龙昊化纤有限公司
21	橡胶制品业	3	山东祥通胶带有限公司
		2	山东瀚邦胶带有限公司
		1	山东晨光胶带有限公司
22	塑料制品业	3	山东东宏集团有限公司
		2	曲阜市鲁星塑料制品有限公司
		1	鲁英济宁塑料制品有限公司
23	非金属矿物制品业	3	曲阜中联水泥有限公司
		2	大宇水泥(山东)有限公司
		1	曲阜市鲁南建材有限公司
24	黑色金属冶炼及压延加工业	3	山东兖州合金钢股份有限公司
		2	济宁远达钢铁制造有限公司
		1	梁山宏利达钢板材有限公司
25	有色金属冶炼及压延加工业	3	山东联诚集团有限公司
		2	曲阜远东铝业有限公司
		1	济宁汇泉钢管有限公司
26	金属制品业	3	嘉祥县东辰管业有限公司
		2	济宁锐博工程机械有限公司
		1	嘉祥县富华物质有限公司钢管分公司
27	通用设备制造业	3	胜代机械(山东)有限公司
		2	济宁市恒松工程机械有限责任公司
		1	曲阜金皇活塞股份有限公司
28	专业设备制造业	3	山推工程机械股份有限公司
		2	凯登制浆设备(中国)有限公司
		1	汶上重力机械厂
29	交通运输设备制造业	3	中国重型汽车集团济宁商用车有限公司
		2	山东济宁车轮厂
		1	嘉祥县萌山车辆有限公司

续 表

序号	行业类别	聚类结果	典型企业名称
30	电气机械及器材制造业	3	山东圣阳电源股份有限公司
		2	济宁市远征蓄电池有限公司
		1	山东华泰光源有限公司
31	通信设备、计算机及其他电子设备制造业	3	山东英特力光通信开发有限公司
		2	山东新风光电子科技有限公司
		1	山东丰源电子科技有限公司
32	仪器仪表及文化、办公用机械制造业	3	曲阜市华特环保科技有限公司
		2	济宁鲁科检测器材有限公司
		1	济宁浩珂矿业工程设备有限公司
33	工艺品及其他制造业	3	鱼台青林工艺品有限公司
		2	曲阜圣美框木有限公司
		1	汶上县次丘镇赵村赵相忠煤球厂
34	废弃资源和废旧材料回收加工业	1	济宁市远东医疗垃圾无害化处理有限公司
35	电力、热力的生产和供应业	3	枣庄矿业(集团)付村矸石热电有限公司
		2	山东里彦发电有限公司
		1	华电邹县发电有限公司
36	燃气生产和供应业	3	曲阜富华燃气有限公司
		2	兖州市煤气公司
		1	济宁中溢燃气有限公司金乡分公司

3.2.1.2 用水量核算过程

获取典型用水企业后，需将典型企业的用水量进行折算，即将每一行业类别中三家典型企业的用水量乘以相应的折算系数，得到小类企业（每一行业类别中“聚类结果”相同的企业）的总取水量，以此测算工业用水总量。下面同样以煤炭开采和洗选业为例介绍核算系数的确定。

根据表3.4，聚类结果为“3”的企业总工业产值为 $W_3 = \sum_{i=1}^{4} w_i$，其中 i 为企业序号，w_i 为 i 企业的工业总产值（$i=1,2,3,4$）；该小类中的典型企业为兖州煤业股份有限公司鲍店煤矿，其总取水量为 583 万 m³，工业总产值为 441 896 万元，将上述两者相除，即单位工业产值用水量，将其作为该典型企业的核算折算系数，即

$$\eta = \frac{\text{总取水量}}{\text{工业总产值}} = \frac{583\text{ 万 m}^3}{441\ 896\text{ 万元}} = 0.001\ 32\ \text{m}^3/\text{元}$$

用总工业产值 W_3 乘以折算系数 η，可得该小类企业的工业用水总量核算值：$Q_3 = \eta W_3 = 0.001\ 32 \times 1\ 835\ 337\text{ 万 m}^3 = 2\ 242.64\text{ 万 m}^3$。

而其工业用水总量实际值为：

$$Q_3 = \sum_{i=1}^{4} q_i = 2\ 415.32\text{ 万 m}^3$$

核算值与实际值的相对误差为：

$$\xi = \frac{Q_3 - Q_3}{Q_3} \times 100\% = \frac{2\ 242.64 - 2\ 415.32}{2\ 415.32} \times 100\% = 0.3\%$$

以同样的计算方法，可以得到各个典型企业相对应的折算系数，以及每一小类中企业的用水总量核算值。具体计算结果如表 3.6 所示。

表 3.6　折算系数及工业用水总量核算值计算表

序号	行业类别	聚类结果	典型企业名称	折算系数	小类中所有企业用水总量核算值(万 m³)	小类中所有企业用水总量实际值（万 m³）
1	煤炭开采和洗选业	3	兖州煤业股份有限公司鲍店煤矿	0.001 32	2 242.640	2 415.320
		2	山东唐口煤业有限公司	0.000 71	1 700.255	1 451.733
		1	微山金源煤矿	0.001 38	2 673.225	2 529.563
2	黑色金属矿采选业	2	汶上县富全矿业有限公司	0.000 04	0.487	0.487
		1	济宁华丰工贸开发有限责任公司邹城市土山铁矿	0.002 93	3.871	3.871
3	有色金属矿采选业	2	兖矿科澳铝业有限公司电解铝厂	0.000 19	51.133	51.133
		1	微山华能稀土总公司	0.001 34	1.610	1.610

续 表

序号	行业类别	聚类结果	典型企业名称	折算系数	小类中所有企业用水总量核算值(万 m³)	小类中所有企业用水总量实际值(万 m³)
4	非金属矿采选业	3	邹城市恒泰玻璃纤维制品有限公司	0.000 84	3.977	3.977
		2	汶上县大地石材制品厂	0.000 38	1.955	1.767
		1	山东泗水昌达石材有限公司	0.000 99	0.898	0.814
5	其他采矿业	1	肥城矿业集团杨营能源有限责任公司	5.302 30	5.302	5.302
6	农副食品加工业	3	嘉冠油脂化工有限公司	0.000 10	51.404	23.341
		2	山东呱呱鸭制品有限责任公司	0.000 43	140.696	146.804
		1	济宁岳泰饲料有限公司	0.000 29	65.262	129.536
7	食品制造业	3	山东雪花生物化工股份有限公司	0.000 99	329.800	329.800
		2	山东圣花实业有限公司	0.000 04	11.214	10.118
		1	济宁维维乳业有限公司	0.000 66	165.153	102.936
8	饮料制造业	3	燕京啤酒(曲阜三孔)有限责任公司	0.003 27	103.555	103.555
		2	燕京啤酒(山东无名)股份有限公司	0.003 41	91.350	52.723
		1	山东梁山酿酒总厂有限公司	0.000 74	22.857	19.754
9	纺织业	3	山东翔宇化纤有限公司	0.000 00	0.474	0.474
		2	山东圣润纺织有限公司	0.000 90	131.942	124.739
		1	鱼台县蛟龙纺织有限公司	0.000 22	41.158	46.723
10	纺织服装、鞋、帽制造业	3	汶上县美函服饰有限公司	0.000 02	0.130	0.336
		2	济宁爱丝制衣有限公司	0.000 19	1.950	0.924
		1	鱼台恒源服装有限公司	0.000 47	3.121	4.236

续 表

序号	行业类别	聚类结果	典型企业名称	折算系数	小类中所有企业用水总量核算值(万 m³)	小类中所有企业用水总量实际值(万 m³)
11	皮革、毛皮、羽毛(绒)及其制品业	3	山东济宁三星地毯有限公司	0.000 01	0.023	0.023
		2	曲阜市制鞋厂	0.000 02	0.215	0.215
		1	山东济宁皮革公司	0.000 03	0.051	0.070
12	木材加工及木、竹、藤、棕、草制品业	3	山东森林木业有限公司	0.000 10	3.787	3.053
		2	济宁惠宜佳木业有限公司	0.000 12	7.577	10.642
		1	嘉祥县丰源木业有限公司	0.000 06	1.815	3.300
13	家具制造业	3	鱼台县盛泰木业有限公司	0.000 23	0.062	0.044
		2	嘉祥县飞虎家具厂	0.000 02	0.025	0.014
		1	济宁市任城家具厂	0.000 03	0.037	0.037
14	造纸及纸制品业	3	山东太阳纸业股份有限公司	0.000 44	1 134.790	1 134.790
		2	山东华金集团有限公司	0.00205	700.000	700.000
		1	济宁信源包装有限公司	0.000 14	17.078	62.134
15	印刷业和记录媒介的复制	3	泗水县宏大伟业印务有限公司	0.000 04	0.280	0.280
		2	曲阜市华卫商业票据印务有限公司	0.000 15	0.422	0.949
		1	济宁诚信彩印有限公司	0.000 31	0.612	0.612
16	文教体育用品制造业	3	曲阜市冠达球业有限公司	0.000 11	0.632	0.632
		2	济宁三利手套有限公司	0.000 12	0.594	0.464
		1	济宁司波特曼健身器械厂	0.000 18	0.170	0.203
17	石油加工、炼焦及核燃料加工业	3	山东源根石油化工有限公司	0.000 02	2.015	2.015
		2	青岛钢铁集团兖州焦化厂	0.000 06	9.160	9.160
		1	山东兖矿国际焦化有限公司	0.000 23	32.038	47.654

续 表

序号	行业类别	聚类结果	典型企业名称	折算系数	小类中所有企业用水总量核算值(万 m³)	小类中所有企业用水总量实际值(万 m³)
18	化学原料及化学制品制造业	3	山东荣信煤化有限责任公司	0.000 24	75.300	75.300
		2	华勤橡胶工业集团	0.000 01	24.510	24.510
		1	济宁圣城化工实验有限责任公司	0.003 26	2 603.023	1 456.559
19	医药制造业	3	山东鲁抗医药股份有限公司	0.000 67	250.889	147.026
		2	山东圣鲁制药有限公司	0.001 64	256.175	182.075
		1	济宁华能生科有限公司	0.001 00	144.536	93.802
20	化学纤维制造业	1	山东海龙龙昊化纤有限公司	0.030 33	3.450	3.450
21	橡胶制品业	3	山东祥通胶带有限公司	0.000 02	0.604	0.470
		2	山东瀚邦胶带有限公司	0.000 02	0.470	0.604
		1	山东晨光胶带有限公司	0.000 03	0.493	2.730
22	塑料制品业	3	山东东宏集团有限公司	0.000 02	1.447	1.447
		2	曲阜市鲁星塑料制品有限公司	0.000 01	0.112	0.112
		1	鲁英济宁塑料制品有限公司	0.000 77	19.256	13.127
23	非金属矿物制品业	3	曲阜中联水泥有限公司	0.000 03	3.056	3.056
		2	大宇水泥(山东)有限公司	0.000 40	98.914	163.449
		1	曲阜市鲁南建材有限公司	0.000 32	107.498	93.000
24	黑色金属冶炼及压延加工业	3	山东兖州合金钢股份有限公司	0.000 00	2.115	2.115
		2	济宁远达钢铁制造有限公司	0.000 90	18.900	18.900
		1	梁山宏利达钢板材有限公司	0.000 06	0.546	0.458

续 表

序号	行业类别	聚类结果	典型企业名称	折算系数	小类中所有企业用水总量核算值(万 m^3)	小类中所有企业用水总量实际值(万 m^3)
25	有色金属冶炼及压延加工业	3	山东联诚集团有限公司	0.000 01	1.123	1.123
		2	曲阜远东铝业有限公司	0.001 48	20.935	12.222
		1	济宁汇泉钢管有限公司	0.000 00	0.032	0.032
26	金属制品业	3	嘉祥县东辰管业有限公司	0.000 04	0.777	0.777
		2	济宁锐博工程机械有限公司	0.000 15	6.130	6.130
		1	嘉祥县富华物质有限公司钢管分公司	0.000 16	8.256	7.264
27	通用设备制造业	3	胜代机械(山东)有限公司	0.000 08	5.927	5.927
		2	济宁市恒松工程机械有限责任公司	0.000 22	10.220	10.579
		1	曲阜金皇活塞股份有限公司	0.001 11	58.471	49.097
28	专业设备制造业	3	山推工程机械股份有限公司	0.000 12	120.334	120.334
		2	凯登制浆设备(中国)有限公司	0.000 21	65.561	81.193
		1	汶上重力机械厂	0.000 07	7.540	10.277
29	交通运输设备制造业	3	中国重型汽车集团济宁商用车有限公司	0.000 04	5.202	5.202
		2	山东济宁车轮厂	0.000 74	16.756	16.756
		1	嘉祥县萌山车辆有限公司	0.000 04	4.021	7.340
30	电气机械及器材制造业	3	山东圣阳电源股份有限公司	0.000 15	14.668	18.975
		2	济宁市远征蓄电池有限公司	0.000 10	2.034	2.034
		1	山东华泰光源有限公司	0.000 10	7.115	10.483

续　表

序号	行业类别	聚类结果	典型企业名称	折算系数	小类中所有企业用水总量核算值（万 m³）	小类中所有企业用水总量实际值（万 m³）
31	通信设备、计算机及其他电子设备制造业	3	山东英特力光通信开发有限公司	0.000 06	4.054	4.054
		2	山东新风光电子科技有限公司	0.000 08	0.944	0.944
		1	山东丰源电子科技有限公司	0.001 13	3.701	5.057
32	仪器仪表及文化、办公用机械制造业	3	曲阜市华特环保科技有限公司	0.000 04	0.057	0.175
		2	济宁鲁科检测器材有限公司	0.000 01	0.033	0.033
		1	济宁浩珂矿业工程设备有限公司	0.000 08	4.590	4.590
33	工艺品及其他制造业	3	鱼台青林工艺品有限公司	0.000 07	0.479	0.370
		2	曲阜圣美框木有限公司	0.000 07	0.889	0.484
		1	汶上县次丘镇赵村赵相忠煤球厂	0.002 34	7.248	3.555
34	废弃资源和废旧材料回收加工业	1	济宁市远东医疗垃圾无害化处理有限公司	0.000 09	0.147	0.147
35	电力、热力的生产和供应业	3	枣庄矿业（集团）付村矸石热电有限公司	0.004 49	1 982.236	1 713.365
		2	山东里彦发电有限公司	0.002 78	1 952.411	1 890.926
		1	华电邹县发电有限公司	0.005 00	4 493.485	5 546.335
36	燃气生产和供应业	3	曲阜富华燃气有限公司	0.000 31	1.231	1.231
		2	兖州市煤气公司	0.000 74	1.713	1.713
		1	济宁中溢燃气有限公司金乡分公司	0.000 02	0.070	0.086
	总计				22 353.16	21 358.87

由上表可知,2011年济宁市所有企业的工业用水总量核算值为21 358.87万m^3,实际值为22 353.16万m^3,相对误差为4.66%。因此以上抽样法核算效果较为理想,但是对资料要求较高,不仅要求了解抽样企业的用水和产值情况,还需了解全部工业用水户的产值资料,以便对用水量进行核算,实际核算工作中这将在一定程度上制约该方法的应用。

3.2.2 基于定额法的工业用水量核算

用定额法核算工业用水总量首先需要建立一套系统完善的定额指标。用水定额是依据《中华人民共和国水法》和国务院《取水许可和水资源费征收管理条例》的有关规定,由各级有关部门负责组织制定的,符合合理用水和节约用水要求的限额用水量。用水定额是反映区域用水水平、节水水平的一个衡量尺度,同时,也是一种考核指标。1999年来,全国各地全面开展了编制工作实践,目前全国26个省市发布和修订了用水定额标准。

目前,山东省发布了一些主要用水行业的用水定额,但没有细化到每个用水行业。省级发布的用水定额是省内城市用水水平的平均概况,不能够精确反映每个城市的实际用水情况。这种情况下用定额标准来考核济宁市行业用水定额不太符合实际。为此,利用制定工业用水定额给济宁市主要用水行业制定出基础定额来核算工业用水量的方法较合理。基础定额的制定思路和方法跟用水定额的一样,实际上反映每个行业用水量的平均情况。

3.2.2.1 基准定额的确定

统计分析法是编制工业用水定额常用的方法之一。统计分析法需要大量的统计资料为基础,由于结果准确、可靠,操作性强,便于组织实施,在用水定额的计算中得到广泛的应用。统计分析法包括二次平均法、概率测算法和统计趋势分析法。根据资料情况,本次济宁市工业用水定额制定中采用二次平均法。

统计资料反映的是某种产品过去已经达到生产用水的水平,但也不可能消除生产过程中不合理因素的影响。用统计资料的平均值来判定定额水平一般偏于保守。为了克服这个缺陷,可采用二次平均法来计算平均先进值,以作为制定定额水平的依据。二次平均法分析步骤如下。

(1) 根据统计资料,剔除其中明显不合理的数据。由于生产过程中偶然因素或统计数据准确性的影响,资料中会出现不合理数据,这些不符合客观事实的数据必须从资料中删除。

(2) 然后对其余的数据求平均值 $\overline{V}$（一次均值)。

(3) 对小于平均值的数据求均值 $\overline{V}_e$，根据以上得到的两种均值求二次均值 $\overline{V}_2$；得到二次均值以后对其进行先进性判别，即根据标准差

$$S^2 = \frac{1}{n-1}\sum(V_i - \overline{V})^2 \text{ 和 } \lambda_e = \frac{\overline{V}_e - \overline{V}}{\sigma}$$

判断正态分布累计频率 $\Phi(\lambda_e)$ 是否超过用水水平，以用来检验用水定额值是否合理。有关文献指出合理性判断一般要求定额的累计频率不超过40%。

本研究采用上述方法，计算济宁市各企业万元产值取水量的二次均值。表3.7为按照《国民经济行业分类》(GB/T 4754—2011)，济宁市2011年各企业工业用水量定额编制的二次平均法成果。

表3.7 济宁市各企业单位产值取水量及其二次均值

<table>
<tr><th>序号</th><th>行业类别（大类）</th><th>单位名称</th><th>万元产值取水量（m³/万元）</th><th>二次均值</th><th>Φ(λ_e)</th></tr>
<tr><td rowspan="7">1</td><td rowspan="7">煤炭开采和洗选业</td><td>兖矿集团有限公司兴庄煤矿</td><td>15.887</td><td rowspan="7">12.821</td><td rowspan="7">0.072</td></tr>
<tr><td>兖州煤业股份有限公司济宁三号煤矿</td><td>16.469</td></tr>
<tr><td>兖州煤业股份有限公司南屯煤矿</td><td>27.890</td></tr>
<tr><td>兖州煤业股份有限公司济宁二号煤矿</td><td>10.519</td></tr>
<tr><td>淄博矿业集团有限责任公司葛亭煤矿</td><td>47.741</td></tr>
<tr><td>淄博矿业集团有限责任公司岱庄煤矿</td><td>17.617</td></tr>
<tr><td>山东省七五生建煤矿</td><td>31.051</td></tr>
<tr><td rowspan="2">2</td><td rowspan="2">黑色金属矿采选业</td><td>济宁华丰工贸开发有限责任公司邹城市土山铁矿</td><td>29.329</td><td rowspan="2">14.852</td><td rowspan="2">0.242</td></tr>
<tr><td>汶上县富全矿业有限公司</td><td>0.375</td></tr>
<tr><td rowspan="2">3</td><td rowspan="2">有色金属矿采选业</td><td>微山华能稀土总公司</td><td>13.417</td><td rowspan="2">7.639</td><td rowspan="2">—</td></tr>
<tr><td>兖矿科澳铝业有限公司电解铝厂</td><td>1.862</td></tr>
<tr><td rowspan="5">4</td><td rowspan="5">非金属矿采选业</td><td>山东省汶上县贤盛石材制品厂</td><td>3.532</td><td rowspan="5">3.769</td><td rowspan="5">—</td></tr>
<tr><td>汶上县大地石材制品厂</td><td>3.769</td></tr>
<tr><td>汶上县佳源石材制品厂</td><td>3.983</td></tr>
<tr><td>汶上县瑞发石材有限公司</td><td>3.798</td></tr>
<tr><td>汶上县塔星石材有限公司</td><td>4.107</td></tr>
</table>

续 表

序号	行业类别（大类）	单位名称	万元产值取水量（m^3/万元）	二次均值	$\Phi(\lambda_e)$
5	农副食品加工业	嘉冠油脂化工有限公司	0.990	5.955	0.187
		济宁绿源食品有限公司	0.057		
		泗水利丰食品有限公司	20.904		
		山东呱呱鸭制品有限责任公司	4.340		
		山东泗水水晶淀粉制品有限公司	16.946		
		泗水县杨柳镇恒昌粉条厂	17.459		
		金乡县盛达万吨冷藏有限责任公司	79.055		
6	食品制造业	山东雪花生物化工股份有限公司	9.854	3.326	0.147
		今麦郎食品(兖州)有限公司	0.980		
		山东圣花实业有限公司	0.437		
		山东正大菱花生物科技有限公司	13.882		
		济宁紫金花味精有限公司	6.179		
7	饮料制造业	燕京啤酒(曲阜三孔)有限责任公司	32.687	12.794	0.233
		曲阜孔府家酒酿造有限公司	5.625		
		燕京啤酒(山东无名)股份有限公司	34.141		
		山东省微山县酿酒厂	7.640		
		嘉祥县山东红太阳酒业有限公司	9.650		
8	纺织业	山东翔宇化纤有限公司	0.009	4.694	0.125
		山东梁山蓝天集团纺织有限公司	2.495		
		山东圣润纺织有限公司	9.010		
		山东鱼台凤竹纺织有限责任公司	34.274		
		山东宏大樱花纺织有限公司	9.178		
9	纺织服装、鞋、帽制造业	嘉祥县腾达制衣有限公司	0.219	1.589	0.316
		兖州圣凯罗服装有限公司	1.141		
		济宁爱丝制衣有限公司	1.854		
		梁山县鲁锦专业手工织绣有限公司	0.066		
		上海派娜马服饰有限公司济宁分厂	45.870		
		大成工贸有限公司	5.213		

续 表

序号	行业类别（大类）	单位名称	万元产值取水量（m³/万元）	二次均值	$\Phi(\lambda_e)$
10	皮革、毛皮、羽毛(绒)及其制品业	山东济宁三星地毯有限公司	0.113	0.264	0.312
		曲阜市制鞋厂	0.225		
		嘉祥县金艺草制品有限公司	0.768		
		济宁市众诚服装有限公司	0.240		
11	木材加工及木、竹、藤、棕、草制品业	山东森林木业有限公司	0.981	1.574	0.284
		兖州市富林木业有限公司	0.634		
		济宁市三联木业有限公司	11.029		
		济宁万都木业有限公司	2.913		
		山东新德蓝木业有限公司	5.662		
		鱼台县圣华木业有限公司	1.475		
		济宁森森木业有限公司	1.037		
12	家具制造业	梁山县三友木器厂	0.745	0.362	0.288
		鱼台县盛泰木业有限公司	2.323		
		嘉祥县飞虎家具厂	0.228		
		微山县三木家具有限公司	0.052		
		济宁市任城家具厂	0.342		
13	造纸及纸制品业	山东太阳纸业股份有限公司	4.351	9.173	0.200
		山东华金集团有限公司	20.486		
		山东宏河矿业集团邹城恒翔纸业有限公司	36.919		
		山东太阳纸业鱼台分公司	7.568		
		济宁金升纸业有限公司	17.142		
14	印刷业和记录媒介的复制	泗水县宏大伟业印务有限公司	0.427	1.325	0.302
		济宁华龙新型建材公司	11.632		
		曲阜市华卫商业票据印务有限公司	1.530		
		济宁诚信彩印有限公司	3.060		

续 表

序号	行业类别（大类）	单位名称	万元产值取水量（m^3/万元）	二次均值	$\Phi(\lambda_e)$
15	文教体育用品制造业	曲阜市冠达球业有限公司	1.053	1.377	0.082
		微山县得意玩具厂	2.155		
		泗水泉林工艺品有限公司	1.829		
		华龙运动制品有限公司	6.242		
		济宁司波特曼健身器械厂	1.763		
16	石油加工、炼焦及核燃料加工业	山东源根石油化工有限公司	0.221	1.183	0.224
		青岛钢铁集团兖州焦化厂	0.628		
		山东济宁盛发焦化有限公司	4.627		
		微山县同泰焦化有限公司	13.478		
		山东兖矿国际焦化有限公司	2.291		
17	化学原料及化学制品制造业	山东荣信煤化有限责任公司	2.353	10.522	0.129
		华勤橡胶工业集团	0.107		
		兖矿国宏化工有限责任公司	79.225		
		兖矿峄山化工有限公司	29.800		
		济宁中银电化有限公司	23.922		
18	医药制造业	山东鲁抗辰欣药业有限公司	0.844	14.552	0.192
		山东鲁抗医药股份有限公司	6.654		
		山东凯赛里能生物高科技有限公司	24.531		
		山东圣鲁制药有限公司	16.382		
		山东胜利生物工程有限公司	22.776		
		济宁市六佳药用辅料有限公司	17.589		
19	化学纤维制造业	山东海龙龙昊化纤有限公司	303.297	—	—
20	橡胶制品业	山东瀚邦胶带有限公司	0.169	0.187	0.284
		山东祥通胶带有限公司	0.159		
		曲阜市神力橡塑有限公司	39.415		
		山东晨光胶带有限公司	0.304		

续 表

序号	行业类别（大类）	单位名称	万元产值取水量（m^3/万元）	二次均值	$\Phi(\lambda_e)$
21	塑料制品业	山东东宏集团有限公司	0.230	1.895	0.203
		曲阜市鲁星塑料制品有限公司	0.113		
		山东塑料制品试验厂有限公司	14.053		
		山东省金乡县辉煌塑业有限公司	5.525		
		济宁鲁花塑胶有限责任公司	8.605		
22	非金属矿物制品业	曲阜中联水泥有限公司	0.267	7.279	0.230
		大宇水泥(山东)有限公司	4.018		
		济宁海螺水泥有限责任公司	14.110		
		金乡县金丰混凝土有限公司	31.266		
		山东黄岗(集团)总公司	127.434		
23	黑色金属冶炼及压延加工业	山东兖州合金钢股份有限公司	0.024	1.223	0.305
		济宁远达钢铁制造有限公司	9.000		
		山东省金乡特钢厂	2.544		
		微山县富鑫冶金有限公司	0.497		
		山东省泗水县合金铸造厂	1.421		
24	有色金属冶炼及压延加工业	山东联诚集团有限公司	0.055	3.743	0.239
		曲阜远东铝业有限公司	14.806		
		济宁远东高科技材料(集团)有限公司	18.918		
		济宁汇泉钢管有限公司	0.039		
25	金属制品业	嘉祥县东辰管业有限公司	0.442	1.231	0.147
		济宁锐博工程机械有限公司	1.499		
		山东光磊钢结构有限公司	1.859		
		鑫泰钢管有限公司	15.150		
		曲阜远大集团工程有限公司	1.007		
26	通用设备制造业	胜代机械(山东)有限公司	0.775	2.084	0.291
		济宁市恒松工程机械有限责任公司	2.158		
		邹城市万达煤炭机械制造有限责任公司	0.122		
		曲阜金皇活塞股份有限公司	11.136		
		济宁精益轴承有限公司	5.170		

续 表

序号	行业类别（大类）	单位名称	万元产值取水量（m^3/万元）	二次均值	$\Phi(\lambda_e)$
27	专业设备制造业	山推工程机械股份有限公司	1.176	3.324	0.152
		兖矿集团大陆机械有限公司	5.755		
		山拖农机装备有限公司	9.488		
		济宁矿业集团煤矿机械厂	83.775		
		山东安特机械有限公司	46.937		
28	交通运输设备制造业	中国重型汽车集团济宁商用车有限公司	0.418	1.736	0.281
		山东济宁车轮厂	7.401		
		济宁交通运输集团有限公司汽车修理总厂	42.391		
		嘉祥县汽车配件厂	0.787		
		金乡县强力机械厂	23.532		
29	电气机械及器材制造业	山东鲁强电缆(集团)股份有限公司	0.497	1.139	0.125
		山东圣阳电源股份有限公司	1.517		
		济宁市远征蓄电池有限公司	0.966		
		山东山防防爆电机有限公司	5.626		
		曲阜金升电机有限公司	1.450		
30	通信设备、计算机及其他电子设备制造业	山东英特力光通信开发有限公司	0.576	0.621	0.239
		山东新风光电子科技有限公司	0.756		
		济宁佳华电子材料有限公司	33.715		
31	仪器仪表及文化、办公用机械制造业	曲阜市华特环保科技有限公司	0.437	0.368	0.305
		兖州市云龙科技开发有限公司	9.108		
		济宁鲁科检测器材有限公司	0.128		
		济宁浩珂矿业工程设备有限公司	0.798		
32	工艺品及其他制造业	鱼台青林工艺品有限公司	0.679	6.347	0.264
		金乡县圣亚达铅笔有限公司	0.054		
		曲阜市儒雅地毯有限公司	176.668		
		汶上县次丘镇赵村赵相忠煤球厂	23.350		

续 表

序号	行业类别(大类)	单位名称	万元产值取水量(m^3/万元)	二次均值	$\Phi(\lambda_e)$
33	电力、热力的生产和供应业	兖矿科澳铝业公司济三电厂	102.105	43.965	0.291
		山东济矿鲁能煤电有限公司阳城电厂	80.016		
		华能嘉祥发电有限公司	53.859		
		华能国际电力股份有限公司济宁电厂	25.487		
		华电国际电力股份有限公司邹县发电厂	71.282		
		华电邹县发电有限公司	50.040		
34	燃气生产和供应业	嘉祥县瑞祥燃气有限公司	0.219	4.166	0.239
		曲阜富华燃气有限公司	3.083		
		兖州市煤气公司	7.414		

计算数据表明,大部分企业的万元产值取水量的累计频率在32%以下,可判定二次均值符合先进水平,其二次均值初步可以定为该行业的用水定额。少数企业由于统计资料缺乏等原因,其累计频率偏大,对这些企业直接取一次均值或参考值为定额。比如,黑色金属矿采选业和有色金属矿采选业等行业的统计资料较少,求二次均值将会增大与实测值之间的差距,因此,采用一次均值接近于实测值,较为合理。化学纤维制造业缺乏统计资料,且该行业历史资料显示其万元产值用水量相对稳定,因此该行业用水定额参照济宁市同行业历史数据。

用统计分析法计算济宁市2011年工业万元产值取水定额为如表3.8所示。

表3.8 济宁市2011年企业万元产值取水定额

序号	行业类别(大类)	万元产值取水定额(m^3/万元)
1	煤炭开采和洗选业	12.82
2	黑色金属矿采选业	14.85
3	有色金属矿采选业	7.64
4	非金属矿采选业	3.77
5	农副食品加工业	5.95
6	食品制造业	3.33
7	饮料制造业	12.79
8	纺织业	4.69

续 表

序号	行业类别(大类)	万元产值取水定额(m^3/万元)
9	纺织服装、鞋、帽制造业	1.59
10	皮革、毛皮、羽毛(绒)及其制品业	0.26
11	木材加工及木、竹、藤、棕、草制品业	1.57
12	家具制造业	0.36
13	造纸及纸制品业	9.17
14	印刷业和记录媒介的复制	1.32
15	文教体育用品制造业	1.38
16	石油加工、炼焦及核燃料加工业	1.18
17	化学原料及化学制品制造业	10.52
18	医药制造业	14.55
19	化学纤维制造业	95.00
20	橡胶制品业	0.18
21	塑料制品业	1.89
22	非金属矿物制品业	7.28
23	黑色金属冶炼及压延加工业	1.22
24	有色金属冶炼及压延加工业	3.74
25	金属制品业	1.23
26	通用设备制造业	2.08
27	专业设备制造业	3.32
28	交通运输设备制造业	1.736
29	电气机械及器材制造业	1.14
30	通信设备、计算机及其他电子设备制造业	0.62
31	仪器仪表及文化、办公用机械制造业	0.37
32	工艺品及其他制造业	6.35
33	电力、热力的生产和供应业	43.96
34	燃气生产和供应业	4.17

3.2.2.2 取水定额的预测

以上计算采用2011年的数据资料，因此所制定的取水定额与核算结果仅适合于2011年。由于生产规模、经济增长速度、生产管理和技术水平、企业结构与专业化程度等因素影响，济宁市其他年的工业用水指标采用2011年的用水定额会存在一定的误差。通过影响因素分析，确定合理的折算系数或比例系数，对基准定额进行适当修改，可以制定不同典型年的取水定额。

(1) 类比法

类比法是以相同或相似产品用水条件及典型定额为基准，分析出类比关系，类比出相应定额的方法。类比法工作量小，简便，可操作性强，容易掌握，定额数值合理准确，缺点是对典型用水定额的依赖性较大。

常用的类比法可以分为比例数示法和曲线图示法，本次研究采用比例数示法。比例数示法，又称比例推算法。它以实测法或统计分析法求得相似同比例关系或差数制定用水定额。其公式如下：

$$V_M = KV_{MD}$$

式中：V_M 为需计算的单位产值用水定额；K 为比例系数，即对相邻时间段的工业生产情况进行影响因素分析后，影响因素对应的数额或生产值的比例；V_{MD} 为相邻或相似的典型定额项目的单位产值用水定额。

为了建立企业之间的可比性，便于确定用水定额的折算系数，使程序得到简化，首先建立参照企业。以济宁市2011年的万元产值取水定额为基准，通过适当的类比分析和折算，可以制定相邻几年的工业取水指标。分析工业用水定额的影响因素后，用生产设备和工艺水平系数 K_1、专业化程度系数 K_2、生产规模和生产能力系数 K_3、经济增长指数 K_4 进行分析类比较为合理。

① 生产设备和工艺水平系数 K_1：生产设备水平一般按国际、国内的落后、先进、最先进水平确定。工艺水平的主要标志是看它能否以最小的消耗来大限度地满足社会需求。本次计算中，系数 K_1 采用各行业某一年的万元产值所消耗的能量与基准年万元产值所消耗能量的比例。

② 专业化程度系数 K_2：生产用新水量占总取水量的比重。专业化程度系数一般取某一年各行业生产所用新水量与基准年里对应的行业生产所需新水量的比值。

③ 生产规模和生产能力系数 K_3：一般按《大中型企业划分标准》规定进行划分，取当年的企业个数及生产水平与基准年的比例。

④ 经济增长指数 K_4：企业年工业总产值应根据物价指数推算到可比价格，目前国际上通用的经济发展指标是GDP，用不同年的工业生产总值比值来确定

此系数。

比例系数：$K=K_1\times K_2\times K_3\times K_4$。

影响因素分析难度较大，根据计算需要考虑因素较多。灵敏度高的影响因子对计算结果影响较大，对影响因素准确合理的选取是核算工作的关键，因此，先要对影响因素进行定性定量分析，选取其中代表性高、权重较大的系数。并且计算中所选用的系数对用水定额的影响不一定是同时存在，其影响程度差异更大，有的行业用水定额可能只受其中某一个系数的影响，有的可能受几种系数的影响。通过影响因素分析，以 2011 年工业用水定额为基准，用类比分析法可以修订 2010 年的工业用水定额的折算系数，详见表 3.9。

表 3.9　济宁市 2010 年工业用水定额折算系数计算表

序号	行业类别(大类)	K_1	K_2	K_3	K_4	K
1	煤炭开采和洗选业	1.03	0.97	1.01	0.89	0.90
2	黑色金属矿采选业	1.00	1.25	0.91	0.89	1.01
3	有色金属矿采选业	0.42	2.20	1.24	0.89	1.02
4	非金属矿采选业	1.00	1.40	1.18	0.89	1.47
5	农副食品加工业	1.07	1.28	0.46	0.89	0.56
6	食品制造业	1.10	1.09	1.05	0.89	1.12
7	饮料制造业	1.11	1.07	1.79	0.89	1.89
8	纺织业	1.08	0.83	1.13	0.89	0.90
9	纺织服装、鞋、帽制造业	1.37	1.98	0.53	0.89	1.28
10	皮革、毛皮、羽毛(绒)及其制品业	1.00	1.47	0.75	0.89	0.98
11	木材加工及木、竹、藤、棕、草制品业	1.00	2.91	0.26	0.89	0.67
12	家具制造业	1.04	1.36	1.47	0.89	1.85
13	造纸及纸制品业	1.56	0.93	0.89	0.89	1.15
14	印刷业和记录媒介的复制	0.84	2.00	0.70	0.89	1.05
15	文教体育用品制造业	1.13	1.20	0.85	0.89	1.03
16	石油加工、炼焦及核燃料加工业	1.41	1.03	0.71	0.89	0.92
17	化学原料及化学制品制造业	1.07	1.42	0.90	0.89	1.22
18	医药制造业	1.37	0.92	0.74	0.89	0.83
19	化学纤维制造业	1.00	1.99	1.44	0.89	2.55

续 表

序号	行业类别(大类)	K_1	K_2	K_3	K_4	K
20	橡胶制品业	1.13	0.89	1.26	0.89	1.12
21	塑料制品业	1.02	1.90	0.86	0.89	1.48
22	非金属矿物制品业	1.33	1.11	0.62	0.89	0.81
23	黑色金属冶炼及压延加工业	0.88	2.57	0.34	0.89	0.68
24	有色金属冶炼及压延加工业	1.00	1.50	0.77	0.89	1.03
25	金属制品业	0.95	1.20	1.10	0.89	1.12
26	通用设备制造业	1.00	1.20	1.85	0.89	1.98
27	专业设备制造业	0.80	0.79	1.10	0.89	0.62
28	交通运输设备制造业	1.08	1.61	0.86	0.89	1.33
29	电气机械及器材制造业	1.25	1.74	0.62	0.89	1.20
30	通信设备、计算机及其他电子设备制造业	1.60	0.63	2.96	0.89	2.66
31	仪器仪表及文化、办公用机械制造业	1.14	1.81	0.62	0.89	1.14
32	工艺品及其他制造业	0.08	8.09	1.87	0.89	1.08
33	电力、热力的生产和供应业	1.33	0.87	0.91	0.89	0.94
34	燃气生产和供应业	1.00	1.68	0.62	0.89	0.93

注:以上表计算中,K_1＝当年每类行业万元产值耗能量 / 2011 年同类行业万元产值耗能量;K_2＝当年各行业生产用新水量 / 2011 年同类行业生产用新水量;K_3 为生产规模和生产能力系数;K_4＝当年各企业工业生产总值/ 2011 年工业生产总值。

比例系数 K 确定以后,结合基准定额,即可计算求得 2010 年济宁市各行业的万元产值取水定额。图 3.2 为用类比法计算的济宁市 2010 年部分行业万元产值取水定额与基准定额的比较图。

少数企业的取水定额受到企业结构变化影响而变大,如图 3.2 所示的煤炭开采和洗选业以及饮料制造业,其 2011 年用水定额较 2010 年增加。济宁市多数行业在生产设备和工艺水平、专业化程度、生产规模、经济增长等方面均体现出用水水平的有利影响,2011 年用水定额均在 2010 年取水定额基础上呈现一定程度的减小。

以 2010 年工业取水定额的确定为例,对定额确定的合理性进行分析。随着生产设备更新,节水水平的提高和工艺改善,工业生产中的万元产值耗能量也逐年减少,使系数 K_1 明显大于 1。由于部分企业间歇性停产,统计资料不全或企

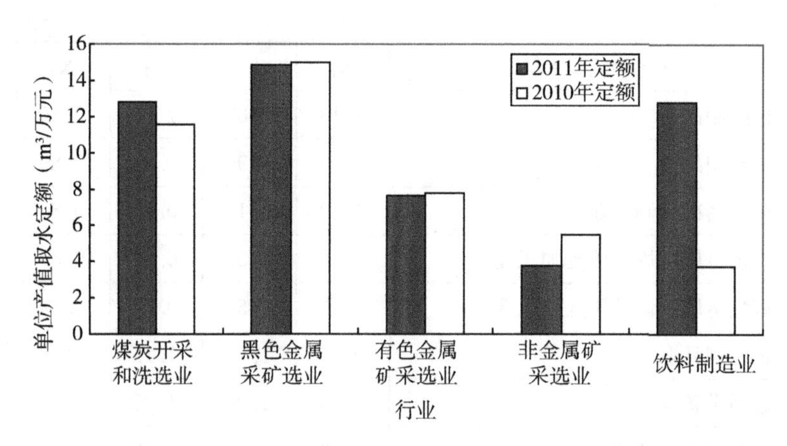

图 3.2 济宁市 2011 年与 2010 年工业万元产值取水定额比较

业结构突变等缘故，过去一年的万元产值单耗量比今年的小，导致其比例系数 K_1 变小。比如，有色金属矿采选业的 2011 年和 2010 年企业规模和总取水资料缺失使系数 K_1 明显小于基准值，缺失的取水资料利用相邻年的资料插补获得，与实际值之间存在一定偏差。印刷业和记录媒介的复制业、塑料制品业的生产规模到 2011 年时明显缩小，不过，产量比 2010 年的明显增加，这种缩小规模、提高生产能力的生产方式下系数 K_3 明显变小。

到 2011 年多数行业内企业个数呈现减小趋势，如非金属矿采选业，企业规模从 2010 年的 23 家降到 2011 年的 1 家，企业结构较大的变化导致比例系数 K 的大幅度变化。

(2) 曲线回归法

通过历年的统计资料分析其变化规律和发展，可以预测未来几年的用水情况。一般，随着科学技术的进步，设备不断改进，工艺不断更新，加之节水的压力不断增加，万元产值新水量应呈下降趋势，且递减率逐年减少并趋近于零。因此，通过济宁市历年的统计资料，用曲线回归法预算 2012 年的工业用水定额，并对当年工业用水水平进行考核。曲线回归法基本公式是：

$$y = a\ln(t) + b$$

式中：y 为万元产值用水定额，t 为时间（2007 年、2008 年、2009 年、2010 年、2011 年对应的分别为 $t=1,2,3,4,5$），a、b 是待定参数，当 $a>0$ 为递增曲线，$a<0$ 为递减曲线。

采用回归分析法，分析得到燃气生产和供应业的历年取水定额，绘制出取水定额曲线图(图 3.3)。其回归方程为：

$$y=-14.57\ln(x)+27.213$$

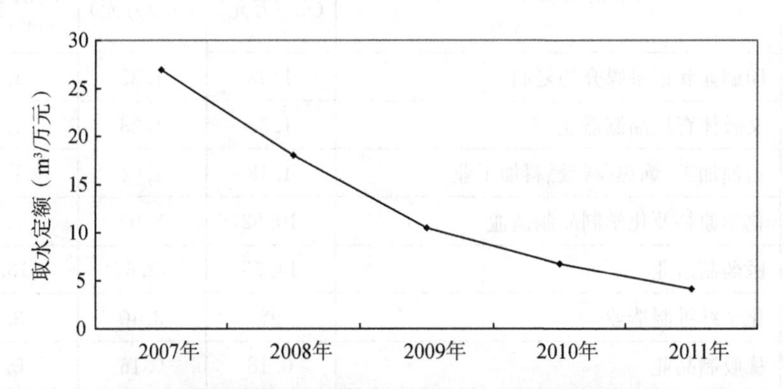

图 3.3 燃料生产和供应业的万元产值取水定额曲线

以同样方法分别绘制其他行业的万元产值取水定额随年份的变化趋势图，用来预测 2012 年的工业用水定额，结果详见表 3.10。

表 3.10 济宁市 2012 年工业用水定额预测值

序号	行业类别(2012 年)	基准定额 (m³/万元)	预测定额 (m³/万元)	实际万元产值取水量 (m³/万元)
1	煤炭开采和洗选业	12.82	11.98	10.74
2	黑色金属矿采选业	14.85	7.50	7.80
3	有色金属矿采选业	7.64	4.70	4.560
4	非金属矿采选业	3.77	3.62	3.440
5	农副食品加工业	5.95	6.98	6.59
6	食品制造业	3.33	3.14	3.01
7	饮料制造业	12.79	10.24	10.02
8	纺织业	4.69	4.57	4.36
9	纺织服装、鞋、帽制造业	1.59	1.61	1.49
10	皮革、毛皮、羽毛(绒)及其制品业	0.26	0.14	0.12
11	木材加工及木、竹、藤、棕、草制品业	1.57	1.45	1.36
12	家具制造业	0.36	0.34	0.35
13	造纸及纸制品业	9.17	9.00	9.76

续 表

序号	行业类别(2012 年)	基准定额(m^3/万元)	预测定额(m^3/万元)	实际万元产值取水量(m^3/万元)
14	印刷业和记录媒介的复制	1.32	1.32	1.36
15	文教体育用品制造业	1.38	1.23	1.35
16	石油加工、炼焦及核燃料加工业	1.18	1.04	1.02
17	化学原料及化学制品制造业	10.52	8.02	7.95
18	医药制造业	14.55	12.67	13.14
19	化学纤维制造业	95	3.40	3.35
20	橡胶制品业	0.18	0.16	0.28
21	塑料制品业	1.89	1.85	1.87
22	非金属矿物制品业	7.28	7.16	7.12
23	黑色金属冶炼及压延加工业	1.22	0.98	0.97
24	有色金属冶炼及压延加工业	3.74	3.76	3.80
25	金属制品业	1.23	1.06	0.98
26	通用设备制造业	2.08	2.00	2.10
27	专业设备制造业	3.32	3.20	3.31
28	交通运输设备制造业	1.736	5.30	5.21
29	电气机械及器材制造业	1.14	1.09	1.11
30	通信设备、计算机及其他电子设备制造业	0.62	0.58	0.74
31	仪器仪表及文化、办公用机械制造业	0.37	0.35	0.34
32	工艺品及其他制造业	6.35	6.15	6.25
33	废弃资源和废旧材料回收加工业	0.9	0.90	0.92
34	电力、热力的生产和供应业	43.96	45.88	44.79
35	燃气生产和供应业	4.17	1.02	1.00

3.2.2.3 定额法核算结果

工业用水定额确定以后，以上定额为基准，考核济宁市 2012 年工业用水情况。根据济宁市 2012 年水资源公报和年鉴里的统计资料，获得济宁市工业总取水量和各个行业的工业总产值。由各行业产值与对应的预测定额乘积可以得到行业取水量核算值，将核算的各行业总取水量相加，得到全市工业用水总量核算值。

由以上步骤计算济宁市 2012 年工业用水总量为 28 748.88 万 m^3，实际工业用水量为 26 744.5 万 m^3，相对误差为 7.49%，用定额法核算工业用水量方法简便，结果较为可靠。图 3.4 至图 3.6 为本次计算的行业总取水量与核算值的对比情况。

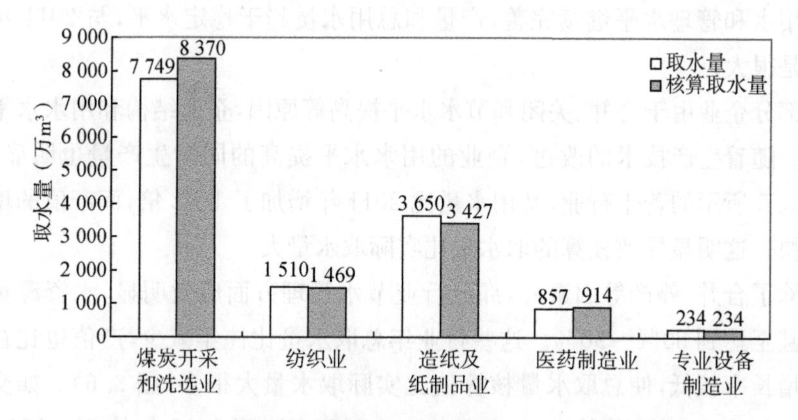

图 3.4　济宁市 2012 年部分行业用水量与核算值对比图

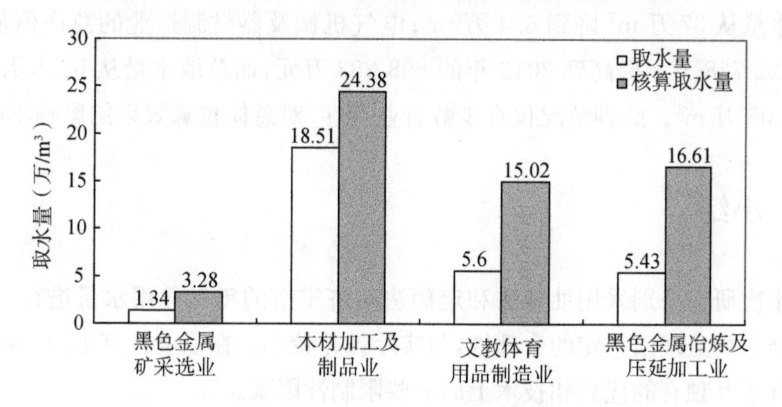

图 3.5　济宁市 2012 年部分行业用水量与核算值对比图

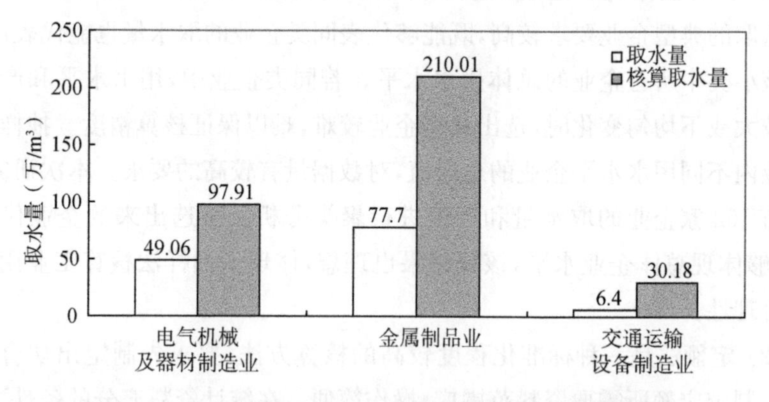

图 3.6　济宁市 2012 年部分行业用水量与核算值对比图

如图 3.4 所示，多数企业用水量核算值接近于实际值，核算效果较好。从整体变化水平来看，自从 2011 年济宁市企业结构调整，用水水平提高和技术、管理水平不断改善以来，工业生产和用水效率有所提高。到 2012 年，在往年基础上，企业用水和管理水平继续完善，产量和总用水量趋于稳定水平，与 2011 年的差距不是很大。

部分企业由于合并、关闭和节水水平提高等原因，企业结构和用水水平发生变化。随着生产技术的改进，企业的用水水平提高的同时生产量也明显提高。如图 3.5 所示的若干行业，其用水量比 2011 年增加了 1～2 倍，而产值的增大速度更快。这明显导致核算的取水量比实际取水量大。

除了合并、停产等因素外，部分行业节水管理方面成效明显，水资源重复利用率甚至达到 80%～90%。这些行业年总取水量比往年减少，产值也比往年减少或增长率较低，使总取水量核算值比实际取水量大很多(图 3.6)。如交通运输设备制造业，总产值从 2011 年的 783 607 万元降到 2012 年的 232 153 万元，总取水量从 37 万 m^3 降到 6.4 万 m^3；电气机械及器材制造业的总产值从 2011 年的222 738 万元提高到 2012 年的 898 283 万元，而总取水量从 56.6 万 m^3 降到 49.06 万 m^3。此种情况仅在少数行业存在，对总体核算效果的影响不明显。

3.3 小结

本次研究分别采用抽样法和定额法对济宁市的年工业用水量进行了核算。计算结果均显现出一定的合理性，与实际偏差较小。在以上计算中，每种方法也都体现了其独有的优点和技术上的一些限制性因素。

(1) 抽样法作为工业用水量核算的一种方法，重点在于典型企业的选取。对所选取的典型企业要求较高，既能够代表同类企业的取水量也能代表产值，要体现该小类中所有企业的总体用水水平。若同类企业中，用水水平和产值之间差距较大或不均匀变化时，选出典型企业较难，难以保证核算精度。抽样法还要求行业内不同用水水平企业的总产值，对数据量有较高的要求。本次研究中，对济宁市 162 家企业的取水量和产值进行聚类分析。所选出来的企业代表性较好，能够体现总体企业水平，核算结果也理想，体现了抽样法核算工业用水量的可行合理性。

(2) 定额法是一种标准化程度较高的核算方法，要求先制定出切合实际的定额。制定定额所需要资料范围广，操作简便。在统计资料充分的条件下，用定额法来核算工业用水量使核算工作更简便。定性和定量分析工业用水定额的影响因素以后，通过比例系数计算和曲线回归分析可以推算相邻年的工业用水定额，并可以对当年的工业用水量进行核算。定额法的确定也和上面一样，它是一种对分行业用水水平总体上的概化，当行业内企业众多时，对个别企业的产业技术变化不能较好地刻画。

第4章 用水量校核评估技术研究

4.1 用水户核查样本抽取方法

4.1.1 随机抽样方法概述

抽样调查是调查应用最常见的模式，是一种非全面的调查，它是指从研究对象的全体（总体）中抽取一部分单元作为样本，对所抽取的样本进行调查，获得有关总体目标量的信息。常用的随机抽样方法主要包括以下几类。

（1）简单随机抽样

简单随机抽样也称纯随机抽样，是从抽样框内的 N 个抽样单元中随机地、一个一个地抽取 n 个单元作为样本，在每次抽选中，所有未入样的待选单元入选样本的概率都相等，这 n 个被抽中的单元就构成了简单随机样本。简单随机样本也可以一次同时从总体（抽样框）中抽出，这时全部可能样本中的每一个样本被抽中的概率也需要相等。抽样的随机性是通过抽样的随机化程序体现的，实施随机化程序可以使用随机数表，也可以使用能产生符合要求的随机数序列的计算机程序。

简单随机抽样是一种最基本的抽样方法，是其他抽样方法的基础。这种方法的突出特点是简单直观，在抽样框完整时，可以直接从中抽选样本，由于抽选的概率相同，用样本统计量对目标量进行估计及计算抽样误差都比较方便。但实际应用中也有一些局限：首先，它要求包含所有总体单元的名单作为抽样框，当 N 很大时，构造这样的抽样框并不容易；其次，根据这种方法抽出的单元很分散，给实施调查增加了困难；最后，这种方法没有利用其他辅助信息以提高估计的效率。所以在规模较大的调查中，很少直接采用简单随机抽样，一般是把这种方法和其他抽样方法结合在一起使用。

（2）分层抽样

分层抽样是将抽样单元按某种特征或某种规则划分为不同的层，然后从不同的层中独立、随机地抽取样本。将各层的样本结合起来，对总体的目标量进行估计。分层抽样有许多优点，例如，这种抽样方法保证了样本中包含有各种特征的抽样单元，样本的结构与总体的结构比较相近，从而可以有效地提高估计的精度；分层抽样在一定条件下为组织实施调查提供了方便，例如，各层的划分是按行业或行政区划进行的，组织实施调查就非常容易；分层抽样既可以对总体参数进行估计，也可以对各层的目标量进行估计。这些优点使分层抽样在实践中得到了广泛的应用。

（3）整群抽样

整群抽样是将总体中若干个基本单元合并为组，这样的组称为群。抽样时直接抽取群，然后对选中群中的所有基本单元全部实施调查。

与简单随机抽样相比，整群抽样的特点在于：抽取样本时只需要群的抽样框而不必要求具有所有基本单元的抽样框，这就大大简化了编制抽样框的工作量。由于群通常是由那些地理位置邻近的或隶属于同一系统的单元所构成，因此调查的地点相对集中，从而节省了调查费用，方便了调查的实施。整群抽样的主要缺点是估计的精度较差，因为同一群内的单元或多或少有些相似，在样本容量相同的条件下，整群抽样的抽样误差通常比较大。一般说来，采用整群抽样要得到与简单随机抽样相同的精度，需要增加基本调查单元。

（4）多阶段抽样

采用类似整群抽样的方法，首先抽取群，但并不是调查群内的所有基本单元，而是再进一步抽样，从选中的群中抽取出若干个基本单元进行调查。因为取得这些接受调查的基本单元需要两个步骤，所以将这种抽样方式称为二阶段抽样。这里，群是初级抽样单元，第二阶段抽取的是基本抽样单元。将这种方法推广，使抽样的段数增多，就称为多阶段抽样。例如第一阶段抽取初级单元，第二阶段抽取二级单元，第三阶段抽取接受调查的基本单元就是三阶段抽样，同样的方法还可以定义四阶段抽样。不过，即便是大规模的抽样调查，抽取样本的阶段也应当尽可能地减少。因为每增加一个抽样阶段，就会增添一份抽样误差，用样本对总体进行估计也更加复杂。

多阶段抽样具有整群抽样的优点，它保证了样本相对集中，从而节约了调查费用；不需要包含所有低阶段抽样单元的抽样框；同时由于实行了再抽样，使调查单元在更广泛的范围内展开。在较大规模的抽样调查中，多阶段抽样是经常采用的方法。

(5) 系统抽样

将总体中的所有单元(抽样单元)按一定顺序排列,在规定的范围内随机抽取一个单元作为初始单元,然后按事先定好的规则确定其他样本单元,这种抽样方法称为系统抽样。典型的系统抽样是先从数字 1 到 k 中随机抽取一个数字 r 作为初始单元,以后依次取 $r+k$,$r+2k$,…单元。所以可以把系统抽样看成是将总体内的单元按顺序分成 k 群,用相同的概率抽取出一群的方法。

系统抽样的主要优点是操作简便,如果有辅助信息,对总体内的单元进行有组织的排列,可以有效地提高估计的精度。系统抽样的缺点是对估计量方差的估计比较困难。

4.1.2 用水户样本分层抽取方法

本次用水户抽样的主要目的是合理确定各省区不同行业用水户核查样本数量。从已经发布实施的《用水总量统计技术方案》中可以看出,用水户在分布上具有显著的分省区、分行业的特征,因此拟选用分层抽样技术确定各省区各行业的用水户核查样本数量。

在随机抽样的实施过程中,影响总体参数估计精度的因素除了样本数量、总体容量大小,还有总体方差。在其他因素不变的情况下,总体方差越大,估计的精度越差,反之,估计的精度越高。总体的方差是客观存在且无法改变的。鉴于此,分层抽样充分考虑了总体方差的影响,首先将总体分类成多个子总体,在子总体内个体之间比较相似,每一个子总体的方差较小,这样只需在子总体中抽取少量样本,就能较好地代表子总体的特征,从而提高对整个总体估计的精度。分层抽样主要特点如下。

(1) 分层抽样不仅能对总体指标进行估计,还能够对各层指标进行估计。例如,如果按用水行业进行分层,调查所得的样本不仅能推算总体的指标,还能对各个行业的相关指标进行估计。

(2) 与简单随机样本相比,分层样本由于分别抽自各层,因而在总体中的分布更为均匀,能较大程度地避免样本结构与总体结构严重失真的情形发生。

(3) 分层抽样效率较高,可以提高整体估计的精度。分层抽样估计量的方差只和层内方差有关,和层间方差无关。因此,可以通过对总体分层,尽可能地降低层内差异,使层间差异尽可能大,从而提高估计的精度。

(4) 分层抽样实施起来灵活方便,也便于组织。一方面,由于抽样在各层独立进行，因而允许视层内的具体情况采用不同的抽样方法。另一方面，分层抽样的数据处理比较简单，各层的数据处理可以单独进行，而层间汇总方式又非常简单，对估计量而言仅是对均值估计的加权平均或是对总量估计的简单相加，相应的精度估计也不复杂。

4.1.3　分层抽样基本程序

（1）分层标准的确定

根据分层的目的确定分层的标准，也就是应根据研究的需要来分层。分层的目的不同，分层的标准通常也不一样：为了便于抽样的组织管理，可以按总体单元的组织系统来分层；为了解各地区子总体的情况，可以按地区来分层；为了提高抽样效率，可以把标志值大小相近的单元划在同一层内，按标志值大小分层。上述分层目的如果能够统一起来则最佳，如果不能统一则需要权衡利弊，服从主要目的。另外，当分层的目的是提高抽样效率时，由于现实中的调查通常是多指标的，那么就会有以哪个指标作为分层标志的问题。这时需要视具体情况来决定是按照主要指标来分层，还是实行照顾多数指标的折中方案来分层。

（2）分层个数的确定

分层抽样中需要确定层的划分界限及划分层的个数。如果用于分层的指标是属性变量，如性别、行政区划等，通常可按其分类值直接进行划分。但有时候也需要根据研究目的来确定层的粗细，比如全国按地区分层，既可以按行政区划的省、市分层，也可以按经济发展情况将几个省市归并在一起作为一个层。而如果用于分层的指标是数值型变量，例如工业企业可按产值或增加值分层、人口可按年龄分层等，这时划分多少个层，就具有很大的灵活性。此时需要综合考虑研究目的、抽样框的可获得性、如何提高抽样效率等多方面的因素，做到恰当分层。

（3）分层抽样样本量的分配

对于分层抽样，当总的样本量一定时，需要研究各层应分配多少样本量的问题。在分层随机抽样中，若总的样本量 n 固定，则它在各层的不同分配，也即 n_h 取不同的值，将对估计量的精度有影响。这是因为：首先，各层的大小或权重不相同；其次，各层的标准差也有差异。这些都会影响估计量的精度。同样，不同的样本量层间分配所需要的费用也不相同。常见的分配方法有：比例分配——此处的比例分配指的是按各层单元数占总单元数的比例，也就是按各层的权进行分配；最优分配——在分层随机抽样中，如何将样本量分配到各层，使得在总费用给定的条件下，估计量的方差达到最小，或在估计量方差给定的条件下，使总费用最小,能满足这个条件的样本量分配就是最优分配;奈曼分配——作为分层随机抽样的特例,如果每层抽样的费用相同,这样的最优分配即为奈曼分配。

(4) 分层抽样总样本量的确定

分层随机抽样的总样本量 n 既取决于对估计量精度的要求,也受总费用的限制。其中估计量的精度又可区分为对总体参数估计的精度以及对各层参数估计的精度。在对层的估计有精度要求时,必须先确定各层样本量,然后计算出所需要的样本总量。对各层内估计量精度没有要求时,仅仅对总体估计量有要求则可先确定总体样本量,然后按照事先确定的分配方法把样本容量分配到各层中。

已知分配方法已经选定,即分配因子 w_h 已经确定,令 $n_h = nw_h$,于是当总体抽样方差 V 给定的情况下,可反解出总体样本容量 n。

$$V = \sum_{h=1}^{L} W_h^2 \frac{1-f_h}{n_h} S_h^2$$

$$n = \frac{\sum_{h=1}^{L} \frac{w_h^2 S_h^2}{w_h}}{\frac{d^2}{t^2} + \frac{\sum_{h=1}^{L} w_h S_h^2}{N}}$$

式中:d 为误差界限;t 为相应置信度下的置信因子;w_h 为每层的分配因子;L 为总层数;S_h^2 为第 h 层的抽样方差。

4.1.4 用水户样本的抽取

本次抽样目的是对全国各省级行政区域的用水量总量数据合理性进行核查。考虑到全国各省区用水总量数据是以《用水总量统计技术方案》为基本依据,由众多用水户用水量逐级推算得到,因此可以通过核查样本用水户用水量合理性,估计总用水量数据合理性,进而将上述问题归结为分层抽样下的用水户用水量数据合理性的比例估计问题。

首先在每层即每个省区中确定样本量,然后各个层中的样本量之和组成总体的样本量。由于是比例估计,样本抽样方差取最保守估计即 $S^2 = PQ = P(1-P)$ 为 0.25。置信度取值为 95%、90%、80%,相应的置信因子分位点分别为 1.96、1.64和 1.28。不同抽样方案下的样本数量见表 4.1。

表 4.1　各抽样方案下的样本总量

方案序号	误差界限(d)	置信度(t)	2015 年总体样本量	2020 年总体样本量
1	0.05	95%	13 186	26 436
2	0.05	90%	11 407	21 484
3	0.05	80%	9 007	15 683
4	0.10	95%	6 684	10 854
5	0.10	90%	5 351	8 355
6	0.10	80%	3 817	5 686

以方案六为例，置信度为 80%、误差界限为 0.1、方差为 0.25(P=0.5)时的各省区样本数见表 4.2。

表 4.2　各省区用水户样本数量(抽样方案六)

省区	农业		工业		河湖补水工程	合计
	重点用水户	非重点用水户	重点用水户	非重点用水户		
北京	3	14	32	38	11	98
天津	11	15	33	32	5	96
河北	28	26	39	35	16	144
山西	27	32	37	29	26	151
内蒙古	28	19	36	33	17	133
辽宁	19	20	38	36	9	122
吉林	21	15	33	27	8	104
黑龙江	32	25	35	34	13	139
上海	0	14	33	27	10	84
江苏	33	31	39	23	16	142
浙江	25	13	39	38	15	130
安徽	31	26	39	32	15	143
福建	19	21	37	35	9	121
江西	32	29	34	32	9	136
山东	35	33	40	36	25	169
河南	32	23	37	39	19	150

续 表

省区	农业		工业		河湖补水工程	合计
	重点用水户	非重点用水户	重点用水户	非重点用水户		
湖北	34	26	36	28	10	134
湖南	34	27	37	30	4	132
广东	30	31	39	35	14	149
广西	29	20	36	30	5	120
海南	12	18	30	28	1	89
重庆	19	20	37	26	2	104
四川	29	32	36	37	11	145
贵州	17	16	35	35	1	104
云南	27	9	35	35	15	120
西藏	15	11	21	38	0	85
陕西	24	20	37	36	9	126
甘肃	29	25	35	32	11	132
青海	23	16	32	23	5	99
宁夏	8	11	36	23	9	87
新疆	36	21	37	34	6	134
合计	742	659	1 100	996	326	3 822

从表 4.1 总体样本量可以看出，如果对总体进行过多的分层则会大大增加总体样本量，增加工作量和工作费用。因此，可以采用以省级行政区为基本单元分层，然后在每个省级行政单元中按照比例把每层的样本量分配到每个省级行政区的各个行业中。具体抽样结果见表 4.3。

表 4.3　整合分层后各抽样方案下的样本总量

方案序号	误差界限(d)	置信度(t)	2015 年省级分层	2020 年省级分层
1	0.05	95%	7 507	10 056
2	0.05	90%	5 879	7 370
3	0.05	80%	4 030	4 696
4	0.10	95%	2 578	2 840
5	0.10	90%	1 879	2 016
6	0.10	80%	1 191	1 244

4.2 用水量核查技术方法分析

4.2.1 用水量统计方法

在目前实行的《用水总量统计技术方案》中，各行业用水统计的主要方法如下。

在农业用水统计方面，对大中型灌区的用水统计，结合国家水资源监控能力建设的步伐，实现5万亩以上灌区的用水计量和监控，推进万亩以上灌区取用水的计量；对小型灌区的用水统计，通过扩大监测样本数量、优化样本布局、完善样点灌区的量水设施得以实现。以水利部灌溉水利用系数测算方案提出的样点灌区为基础，参考水利普查的样本选取，确定灌区样点。鱼塘补水和禽畜养殖都采用抽样调查的统计方法，参考水利普查的样本选取确定样点。

在工业用水统计方面，根据年取用水量，将工业用水户划分为规模以上和规模以下的用水户，具体规模根据各地区工业用水户的实际取用水量、参考水利普查的规模确定；对规模以上的用水户逐一调查用水量，规模以下的用水户抽样调查用水量，抽样误差控制在5%以内。

在生活生态用水统计方面，参考水利普查的用水定额，同时开展抽样调查，进行生活用水的统计。绿地灌溉和环境卫生用水量统计，主要参考水利普查的用水定额，同时开展抽样调查。河湖补水量逐一统计。

4.2.2 统计数据质量评估方法

从用水量核查目的看，主要是对用水量数据合理性的判定评估。从国内外常见的用水量统计方法看，用水量数据来源还是主要依靠直接监测和抽样统计相结合的方式。因此可以采用统计数据质量评估的方法，通过评估用水量数据质量的优劣来达到用水量核查的目的。

统计数据质量评估是统计学领域进行数据质量管理的重要手段，主要评估方法包括：逻辑关系检验法、计量模型分析法、核算数据重估法、统计分布检验法、调查误差评估法等。

(1) 逻辑关系检验法

逻辑关系检验法是以统计指标体系中各个统计指标之间存在的包含、恒等以及相关等内在逻辑关系为判断标准，实现对统计指标数据的可信度的检验。如果在检验中某一组统计指标数据违背了它们之间所存在的特定的逻辑关系，则表明该组统计指标数据存在可信度问题，有可能是其中的一个或一部分数据不可信，也有可能是整组数据均不可信，需要进行进一步的分析与核查。按照检验所依据逻辑关系的不同，该方法可分为比较逻辑检验法和相关逻辑检验法。

(2) 计量模型分析法

计量模型分析法是指以建立计量经济模型为基础，对相关指标的数据质量进行评估的一类统计数据质量评估方法。由于统计指标之间的相关关系十分复杂，相关逻辑检验法在评估统计数据质量时经常失效，一些学者借助于计量经济模型等一些功能更为强大的工具来评估统计数据质量，从而形成了统计数据质量评估的计量模型分析法。目前，用于统计数据质量评估的计量模型大部分可归并为以下四类：传统回归模型、经典时序模型、面板数据模型和其他计量模型。

(3) 核算数据重估法

核算数据重估法是指以从统计核算的角度重新估计特定的统计指标数据为基础，实现对相关统计指标的数据质量进行评估的一类统计数据质量评估方法。评估的基本思路是：首先，以待评估统计指标的统计核算规范或方法为依据，通过分析找出待评估统计指标在核算实践中存在的具体问题，并对其展开详细的分析；其次，根据具体的分析结果，最大限度地挖掘现有资料，有针对性地采用一些替代数据或者运用规范的方法来重新估计待评估统计指标数据；然后，以重新估计得到的统计指标数据为参照标准，对统计指标数据进行准确性评估。核算数据重估法是对逻辑关系检验法的另一拓展。

(4) 统计分布检验法

在通常的社会经济统计领域，统计总体中各个个体的标志值在理论上会服从某一特定的统计分布。因此，通过对各个个体的标志值进行特定的统计分布检验，可初步判断出各个个体的标志值是否正常、可信。

(5) 调查误差评估法

统计数据的可信度评估归根结底是对数据中所包含误差的评估，而从数据的生产过程来看，这种误差最先表现为统计调查误差。由于误差成因的复杂性，目前评估方法也较为有限，以误差间接评估和误差事后抽查两种方法为主。

4.2.3 用水量数据核查技术方法应用现状

通过分析水利普查、用水统计等工作中的数据审核复核方法可以看出，目前用水量数据的核查主要采用了数据质量评估方法中的逻辑关系检验法，主要包括定额分析、趋势分析、对比分析等。

(1) 用水定额分析

用水定额分析法是水利统计中经常采用的数据审核方法。在水资源公报编制、水利普查等工作中，普遍采用了定额分析方法。例如：对于居民生活用水量核查，通过抽样样本户的居民生活人均日用水量与当地发布的定额是否接近进行合理性判断。对于灌区用水量核查，依据亩均用水量合理性进行灌溉用水数据质量评估。对于工业企业用水量，依据主要产品单位产品用水量或单位产值用水量进行评判分析。对于绿地用水量，通过单位面积用水量与地区用水定额进行合理性分析。

(2) 趋势分析

趋势分析也是常用的数据审核方法。指标的趋势性主要有两种表现形式：一是指标本身基于历史数据的变化趋势，例如分析用水量指标和单位用水指标的基本特征和变化趋势，从历年用水量变化趋势、用水指标变化趋势，分析评判用水量的合理性。二是指标之间变化趋势存在相当程度的同向或反向一致性，亦即各自的增长率之间应该在方向上相符、在幅度上一致，例如实灌面积与灌溉用水量之间的变化趋势、人口与生活用水量之间的变化趋势等。

(3) 对比分析

通过资料对比、地区对比等方法核查考核指标上报数据的准确性与合理性。资料对比法是利用已经掌握的资料对考核指标数据进行比对分析，收集整理比对用的参考资料，并与核查数据在调查范围、统计口径和指标含义等方面进行一致性处理。根据资料情况，可进行数据的直接对比，也可推算出相关数据再进行对比。例如：公共供水企业取水量不小于出厂水量和售水量，检查供水人口和售水量与生活用水关系是否合理。地区比对主要依据地理、气候、水资源等条件以及经济社会发展水平，对条件相似区域的各项考核指标的绝对数或相对数(即相关比值，如亩均灌溉用水量、人均用水量、单位产出用水量等)进行比对，分析其合理性和匹配性。例如：农村人均用水量小于城市人均用水量，发达地区的生活用水量高于欠发达地区的生活用水量。

4.2.4　用水量数据核查技术方法初步制定

根据上述分析，从基本的逻辑关系检验出发，初步制定用水量数据核查技术方法如下。

1) 农业用水量

农业用水量包括灌溉用水(耕地、林地、园地和牧草地灌溉用水)、鱼塘补水、畜禽用水。按照《用水总量统计技术方案》要求,2020年前,对鱼塘、畜禽不设定具体样本数量。因此,本次工作针对农业用水中的灌溉用水提出样本用水量核查方法,针对农业用水中的鱼塘补水、畜禽用水提出区域用水量核查方法,并以此为依据进行农业用水量的数据质量评价。

农业灌溉用水量的样本核查方法主要包括以下内容。

(1) 样本选取的合理性

在规定的样本容量下,分析农业灌溉用水户样本选取的代表性,是否覆盖了不同地区、不同用水户类型,包括灌区类型、规模、主产作物种类等。

(2) 基本数据的逻辑关系

样本灌区设计灌溉面积应大于等于有效灌溉面积,样本灌区有效灌溉面积应大于或等于实际灌溉面积,样本灌区亩均灌溉用水量与本区域灌溉用水定额具有一致性。存在复种时,通常情况下各类作物的总播种面积要大于耕地面积。

(3) 样本灌区用水量合理性

① 样本灌区用水量与降水量合理性分析

样本灌区亩均灌溉用水量与当年有效降水量、节水设施建设有较大相关性。在节水设施建设变化不大的情形下,分析亩均灌溉用水量与区域有效降水量在逻辑关系上的合理性。

② 样本灌区用水量与节水灌溉工程面积合理性分析

分析样本灌区内喷灌、微灌、渠道防渗、管道输水等主要节水工程建设情况,计算节水灌溉面积占当年实灌面积比例,对比分析样本灌区用水量合理性。

③ 样本灌区用水量与作物产量合理性分析

分析样本灌区当年主产作物产量与灌溉用水量逻辑关系合理性。通常认为灌区单位亩产量不会发生较大波动,主产作物产量的变化主要取决于当年播种面积,因此通过比对灌区作物产量与播种面积,分析样本灌区用水量的合理性。

④ 样本井灌区用水量与地下水水位合理性分析

统计分析灌区在整个灌溉期内的降水量及地下水位变幅,估算灌区范围的降水入渗量、地下水蓄变量,并与灌区地下水开采量进行对比分析,判断井灌区用水量合理性。

(4)区域灌溉用水总量合理性

① 区域灌溉用水量变化趋势性分析

通常情况下,区域灌溉用水量与年降水量、节水灌溉面积等指标具有较大相关性,因此通过分析近年区域灌溉用水量及相关指标的变化趋势,判断区域灌溉用水量的合理性。

② 单位用水指标的合理性分析

分析区域总体核查样本灌区亩均灌溉用水量的分布情况，分析其与降水地域分布、种植结构分布等在逻辑关系上的合理性。

(5) 区域鱼塘补水、畜禽用水量核查方法

① 区域用水量变化趋势性分析

通常情况下，特定区域的鱼塘补水、畜禽用水量年际变化不大，因此通过分析近年鱼塘补水、畜禽用水量的变化趋势，判断区域用水量的合理性。

② 单位用水指标的合理性分析

计算区域鱼塘补水的单位面积补水量和区域畜禽用水的单位畜禽日用水量，与往年单位用水指标、地区用水定额进行对比分析，判断区域用水量的合理性。

2) 工业用水量

(1) 样本选取的合理性

在规定的样本容量下，分析工业用水户样本选取的代表性，是否覆盖了不同地区、不同用水户类型，是否包括主要工业行业、兼顾不同企业规模等。

(2) 基本数据的逻辑关系

分析样本企业用水量、排水量、水资源费、年度用水计划等基本数据在逻辑关系上的合理性。对于火(核)电企业，分析用水量、装机容量、发电量等基本数据在逻辑关系上的合理性。对于公共供水企业，分析取水量和外供水量在逻辑关系上的合理性。

(3)样本企业用水量合理性

① 样本企业产品产量与用水量合理性分析

将样本企业主要产品的单位用水量与本区域工业产品用水定额进行对比，分析样本企业单位产品用水量合理性。对比分析相邻年份单位产品用水量合理性，通常在企业用水工艺维持不变的情况下，单位产品用水量也相对稳定。对于高耗水行业，一般应首先界定其工艺标准，参考相关行业定额进行核查。对典型行业的样本企业进行用水量核查时应注意以下问题。

a. 纺织业

纺织工业中印染行业取水量大，且用水重复利用率较低，是用水量核查的重点行业之一。对棉印染企业的用水量进行核查时，应根据企业产品的种类，对企业机织产品和针织产品的单位用水量分别进行核查。通过对比单位产品用水量

与本区域的用水定额，核查样本企业用水量的合理性。

b. 石油工业

石油炼制行业样本企业的取水量应以所有进入石油炼制的水及水的产品的一级计量表的计量为准。由于石油炼制行业生产的产品种类多，而且生产产品的随机性大，所以，应以加工每吨原油的用水量为核算单元。通过与本区域的用水定额进行对比，核查样本企业用水量的合理性。

c. 钢铁工业

钢铁工业企业生产用水管理体系较为复杂，涉及取水、供水、用水、回水、再用、排水等多个水系统环节，因此要实现对用水量的合理核查，必须兼顾用水过程，界定用水范围。在进行水量核查时，首先应按照不同工艺进行产品划分，其次按照产钢规模进行划分，对不同工艺不同产钢规模的产品用水量进行核算，核算单元为吨钢用水量。通过与本区域相应的用水定额进行对比，核查样本企业用水量的合理性。

② 样本企业产值与用水量合理性分析

计算样本企业万元工业产值用水量指标，分析近年变化趋势，综合企业节水改造情况、是否为节水型企业等基础信息判断指标合理性。

(4) 区域工业用水总量合理性

分析区域工业用水量与工业产值等指标的年度变化趋势，计算年度增长率的合理性，分析总体样本企业单位产值用水量与企业类型、企业规模、企业地域分布等在逻辑关系上的合理性。

3) 生活用水量

生活用水包括城镇生活用水和农村生活用水。城镇生活用水包括居民用水和公共用水(含第三产业及建筑业等用水)；农村生活用水指农村居民家庭生活用水(包括零散养殖畜禽用水)。按照《用水总量统计技术方案》要求，2020 年前，对生活用水不设定具体样本数量要求。因此，本次工作针对生活用水提出区域用水量核查方法，并以此为依据进行生活用水量的数据质量评价。

(1) 生活用水量与经济社会指标合理性分析

考虑到短期内居民生活用水指标及城镇公共用水指标不会发生显著变化，通过对比历年人口、建筑业竣工面积、第三产业从业人员数等指标，分析生活用水量的合理性。

(2) 生活用水指标合理性分析

参照用水定额、水利普查及历年水资源公报等数据，分析城镇居民人均日用水量、农村居民人均日用水量、单位建筑面积用水量、城镇人均公共日用水量等指标是否在合理范围之内。

4）生态用水量

生态用水量是指生态环境补水量，包括人工措施供给的城镇环境用水和部分河湖、湿地补水，不包括降水、径流自然满足的水量。按照《用水总量统计技术方案》要求，2020年前，对城镇环境用水不设定具体样本数量。因此，本次工作针对生态用水中的河湖、湿地补水提出样本用水量核查方法，针对生态用水中的城镇环境用水提出区域用水量核查方法，并以此为依据进行生态用水的数据质量评价。

河湖、湿地补水量的样本核查方法主要采用趋势法。将核查样本的年度补水量与历年数据进行比较分析，同时考虑年度降水变化情况，判断其变化趋势的合理性。

城镇环境用水量的核查方法主要采用定额对比法、趋势分析法等。一般情况下，特定区域内城镇环境用水量的年际变化较稳定，因此通过分析历年城镇环境用水量的趋势，判断区域用水量的合理性。计算单位绿地面积灌溉用水量和单位环卫清洁面积用水量，与往年单位面积用水指标、地区用水定额进行对比分析，判断区域用水量的合理性。分析城镇环境用水量与年降水量的相关性，以此判断区域用水量的合理性。

4.3　用水总量统计数据总体质量评价方法

4.3.1　权重的确定

根据上述提出的用水量数据核查技术方法，可以对单个核查样本或单项用水量数据合理性进行初步判断。为了判断总体用水量数据质量，进而评价用水总量统计数据的总体质量，需要对单项判断结果进行综合，即依靠单项数据质量，采用综合评价方法对用水总量统计数据质量进行总体评价。

进行综合评价时，前述提出的逐条数据核查技术方法在具体可操作性、所得结论可靠性上存在一定差异，因此，为了体现各条核查技术方法在综合评价过程中的作用地位以及重要程度，需要对其赋予不同的权重系数。权重是以某种数量形式对比、权衡被评价事物总体中诸因素相对重要程度的量值。同一组指标值，不同的权重系数，会导致截然不同甚至相反的评价结论。因此，合理确定权重对评价和决策有着重要意义。

层次分析法(简称 AHP)是目前应用最为广泛的确定指标权重的数学分析方法之一。它由专家或决策者对所列指标通过重要程度的两两比较逐层进行判断评分,利用计算判断矩阵的特征向量确定下层指标对上层指标的贡献程度或权重,从而得到最基层指标对总体目标的重要性权重排序。在本次工作中,应用层次分析法确定各条核查技术方法的权重,具体步骤如下。

1) 构造层次分析结构

根据已经初步制定的农业、工业、生活、生态用水量数据核查技术方法,构造四层次分析结构。顶层为目标层,即用水量数据总体质量;第二层分为四项,即农业用水量核查方法、工业用水量核查方法、生活用水量核查方法和生态用水量核查方法;第三层根据《用水总量统计技术方案》将农业用水量和生态用水量再进行细分;底层为各条具体核查方法。层次结构如图 4.1 所示。

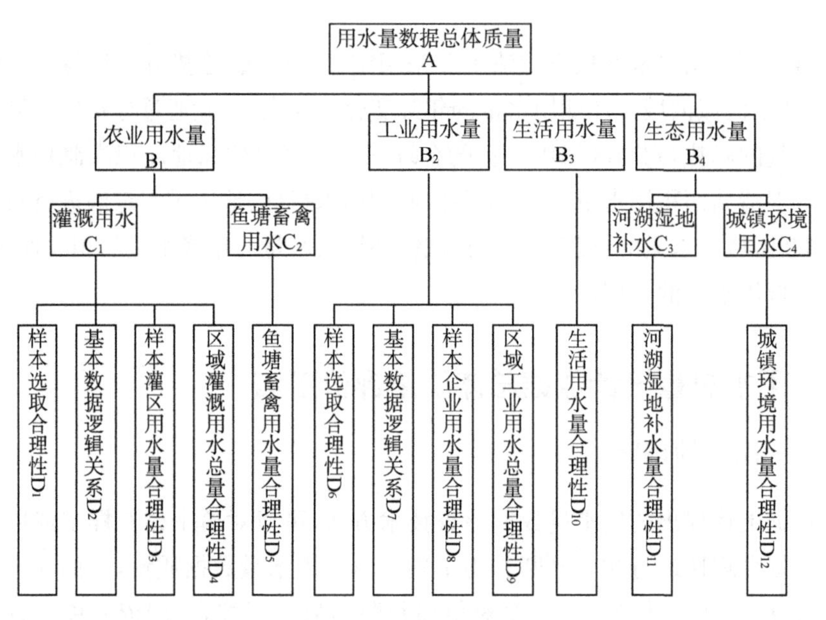

图 4.1 层次结构示意图

2) 构造判断矩阵

在建立层次分析模型后,在各层元素中进行两两比较,采用 1～9 标度法(表 4.4)构造出比较判断矩阵。判断矩阵表示针对上一层次因素,本层次与之有关因素之间相对重要性的比较。判断矩阵是层次分析法的基本信息,也是进行相对重要度计算的重要依据。

表 4.4 1～9 标度法

重要性等级	赋值
i,j 两元素同等重要	1
i 元素比 j 元素稍重要	3
i 元素比 j 元素明显重要	5
i 元素比 j 元素强烈重要	7
i 元素比 j 元素极端重要	9
上述两相邻判断的中值	2,4,6,8
i 元素与 j 元素比较结果的反值	倒数

在构建的四层指标体系中，对于第二层次(B层)权重分配，为了充分反映各省区用水量的差异性，以各省区的用水构成比例作为此层次的权重。对于第三层次(C层)权重分配，同样采用平均的用水比例作为权重值。对于第四层次(D层)权重分配，由于鱼塘畜禽用水量、生活用水量以及生态用水量的指标构成较为单一，因此重点针对灌溉用水下的指标层(C_1-D)和工业用水下的指标层(B_2-D)进行判断矩阵的构建，见表4.5、表4.6。

表 4.5 判断矩阵 C_1-D

项目	D_1	D_2	D_3	D_4
D_1	1	2	1/2	2
D_2	1/2	1	1/3	1/2
D_3	2	3	1	3
D_4	1/2	2	1/3	1

表 4.6 判断矩阵 B_2-D

项目	D_6	D_7	D_8	D_9
D_6	1	2	1/2	2
D_7	1/2	1	1/3	1/2
D_8	2	3	1	3
D_9	1/2	2	1/3	1

3) 层次单排序及一致性检验

层次单排序是指根据判断矩阵计算对上一层某元素而言本层次与之有联系

的元素重要性次序的权值。步骤如下：

（1）计算判断矩阵每一行元素的乘积 $\boldsymbol{M}_i$

$$\boldsymbol{M}_i = \prod_{j=1}^{n} a_{ij}\,,\; i = 1,2,\cdots,n$$

（2）计算 $\boldsymbol{M}_i$ 的 n 次方根 $\overline{\boldsymbol{W}}_i$

$$\overline{\boldsymbol{W}}_i = \sqrt[n]{\boldsymbol{M}_i}$$

（3）对向量 $\overline{\boldsymbol{W}} = [\overline{\boldsymbol{W}}_1, \overline{\boldsymbol{W}}_2, \cdots, \overline{\boldsymbol{W}}_n]^{\mathrm{T}}$ 正规化

$\boldsymbol{W}_i = \dfrac{\overline{\boldsymbol{W}}_i}{\sum\limits_{j=1}^{n} \overline{\boldsymbol{W}}_j}$，则 $\boldsymbol{W} = [\boldsymbol{W}_1, \boldsymbol{W}_2, \cdots, \boldsymbol{W}_n]^{\mathrm{T}}$ 即为所求的权系数。

判断矩阵的一致性是指专家在判断指标重要性时，各判断之间协调一致，不致出现相矛盾的结果。通过两两比较得到的判断矩阵，不一定满足矩阵的一致性条件，这就要求进行一致性检验。首先计算判断矩阵 $\boldsymbol{A}$ 的最大特征值 $\lambda_{\max}$：

$$\lambda_{\max} = \sum_{i=1}^{n} \frac{(\boldsymbol{AW})_i}{n\boldsymbol{W}_i}$$

$(\boldsymbol{AW})_i$ 表示向量 $\boldsymbol{AW}$ 的第 i 个元素。

然后计算判断矩阵的一致性指标 CI：

$$CI = \frac{\lambda_{\max} - n}{n - 1}$$

最后计算随机一致性比率 CR：

$$CR = \frac{CI}{RI}$$

式中：RI 为平均随机一致性指标。对于 1～9 阶判断矩阵，RI 的值如表 4.7 所示。

表 4.7　RI 取值表

阶数	1	2	3	4	5	6	7	8	9
RI	0.00	0.00	0.58	0.90	1.12	1.24	1.32	1.41	1.45

当 $CR < 0.1$ 时，即认为判断矩阵具有满意的一致性，否则就需要调整判断矩阵，使之具有满意的一致性。

依据上述方法，各判断矩阵计算结果如下：

对于判断矩阵 $\boldsymbol{C}_1$，

$$\boldsymbol{W}=\begin{bmatrix}0.262\\0.118\\0.453\\0.167\end{bmatrix},\lambda_{\max}=4.07,CI=0.02,RI=0.90,CR=0.03。$$

对于判断矩阵 $\boldsymbol{B}_2$，

$$\boldsymbol{W}=\begin{bmatrix}0.262\\0.118\\0.453\\0.167\end{bmatrix},\lambda_{\max}=4.07,CI=0.02,RI=0.90,CR=0.03。$$

4）层次总排序

依次沿递阶层次结构由上而下逐层计算，即可计算出最底层因素相对最高层的相对重要性排序值，即权系数。层次结构中三、四层的权重见表 4.8。各省（直辖市、自治区）的层次总排序见表 4.9。

表 4.8　三、四层权重值

名称		权重	名称	单权重
农业用水量	灌溉用水	0.90	样本选取的合理性	0.262
			基本数据的逻辑关系	0.118
			样本灌区用水量合理性	0.453
			区域灌溉用水总量合理性	0.167
	鱼塘畜禽用水	0.10	鱼塘畜禽用水量合理性	1.000
工业用水量			样本选取的合理性	0.262
			基本数据的逻辑关系	0.118
			样本企业用水量合理性	0.453
			区域工业用水总量合理性	0.167
生活用水量			生活用水量合理性	1.000
生态用水量	河湖湿地补水	0.33	河湖湿地补水量合理性	1.000
	城镇环境用水	0.67	城镇环境用水量合理性	1.000

表 4.9　各省(直辖市、自治区)层次总排序

省级行政区	名称											
	D_1	D_2	D_3	D_4	D_5	D_6	D_7	D_8	D_9	D_{10}	D_{11}	D_{12}
北京	0.066	0.030	0.114	0.042	0.028	0.037	0.017	0.063	0.023	0.440	0.043	0.087
天津	0.120	0.054	0.208	0.077	0.051	0.055	0.025	0.095	0.035	0.230	0.017	0.034
河北	0.172	0.078	0.298	0.110	0.073	0.034	0.015	0.059	0.022	0.120	0.007	0.013
山西	0.139	0.063	0.241	0.089	0.059	0.052	0.024	0.091	0.033	0.170	0.013	0.027
内蒙古	0.174	0.079	0.302	0.111	0.074	0.031	0.014	0.054	0.020	0.070	0.020	0.040
辽宁	0.148	0.067	0.257	0.095	0.063	0.044	0.020	0.077	0.028	0.170	0.010	0.020
吉林	0.151	0.068	0.261	0.096	0.064	0.055	0.025	0.095	0.035	0.110	0.013	0.027
黑龙江	0.186	0.084	0.322	0.119	0.079	0.037	0.017	0.063	0.023	0.050	0.003	0.007
上海	0.033	0.015	0.057	0.021	0.014	0.173	0.078	0.299	0.110	0.200	0.003	0.007
江苏	0.129	0.059	0.224	0.083	0.055	0.094	0.043	0.163	0.060	0.090	0.003	0.007
浙江	0.111	0.050	0.192	0.071	0.047	0.078	0.035	0.136	0.050	0.200	0.010	0.020
安徽	0.132	0.060	0.228	0.084	0.056	0.084	0.038	0.145	0.053	0.100	0.003	0.007
福建	0.113	0.051	0.196	0.072	0.048	0.102	0.046	0.177	0.065	0.130	0.003	0.007
江西	0.153	0.069	0.265	0.098	0.065	0.060	0.027	0.104	0.038	0.110	0.003	0.007
山东	0.162	0.073	0.281	0.104	0.069	0.034	0.015	0.059	0.022	0.160	0.010	0.020
河南	0.134	0.061	0.232	0.086	0.057	0.063	0.028	0.109	0.040	0.150	0.010	0.020
湖北	0.122	0.055	0.212	0.078	0.052	0.094	0.043	0.163	0.060	0.120	0.000	0.000
湖南	0.137	0.062	0.237	0.087	0.058	0.073	0.033	0.127	0.047	0.140	0.003	0.007
广东	0.115	0.052	0.200	0.074	0.049	0.073	0.033	0.127	0.047	0.210	0.007	0.013
广西	0.155	0.070	0.269	0.099	0.066	0.047	0.021	0.082	0.030	0.140	0.003	0.007
海南	0.179	0.081	0.310	0.114	0.076	0.024	0.011	0.041	0.015	0.150	0.000	0.000
重庆	0.061	0.028	0.106	0.039	0.026	0.133	0.060	0.231	0.085	0.220	0.003	0.007
四川	0.134	0.061	0.232	0.086	0.057	0.068	0.031	0.118	0.043	0.170	0.003	0.007
贵州	0.122	0.055	0.212	0.078	0.052	0.081	0.037	0.140	0.052	0.160	0.003	0.007
云南	0.158	0.071	0.273	0.101	0.067	0.044	0.020	0.077	0.028	0.150	0.003	0.007
西藏	0.212	0.096	0.367	0.135	0.090	0.013	0.006	0.023	0.008	0.050	0.000	0.000
陕西	0.155	0.070	0.269	0.099	0.066	0.039	0.018	0.068	0.025	0.170	0.007	0.013

续　表

省级行政区	名称											
	D_1	D_2	D_3	D_4	D_5	D_6	D_7	D_8	D_9	D_{10}	D_{11}	D_{12}
甘肃	0.184	0.083	0.318	0.117	0.078	0.029	0.013	0.050	0.018	0.080	0.007	0.013
青海	0.184	0.083	0.318	0.117	0.078	0.026	0.012	0.045	0.017	0.100	0.007	0.013
宁夏	0.210	0.095	0.363	0.134	0.089	0.016	0.007	0.027	0.010	0.020	0.007	0.013
新疆	0.219	0.099	0.379	0.140	0.093	0.005	0.002	0.009	0.003	0.020	0.007	0.013

4.3.2　综合评价方法

综合评价目的是对被评价对象的整体性作出一个综合评价。在综合评价过程中，必须解决多指标的可综合性问题。在确定指标权重之后，还需采用一定的数学方法对拥有不同权重的各因素指标评价值加以综合，形成一个新的综合评价指标。目前，层次分析、模糊综合评判、数据包络分析、人工神经网络等是应用较为广泛的评价方法，本次研究，以评价方法的科学性和实用性为原则，将层次分析法与模糊综合评判法有机结合，对四层次评价指标体系，运用层次分析法确定各指标权重，然后进行模糊综合评判，最后综合出总的评价结果。

模糊综合评判法是以模糊数学为基础，应用模糊关系合成的原理，将一些边界不清、不易定量的因素定量化，从多个因素对评判事物隶属等级状况进行综合评价的一种方法。模糊综合评判模型构建步骤如下。

(1) 确定评价对象的因素论域 $U=(u_1,u_2,\cdots,u_m)$。对本次研究，U 即为各项具体的核查技术方法，在农业用水量核查方面有五项，在工业用水量核查方面有四项，在生活用水量方面有一项，在生态用水量方面有两项，总计十二项。

(2) 确定评语等级论域 $V=(v_1,v_2,\cdots,v_n)$。与考核办法确定的等级划分相对应，评语等级划分为四级：$v=$(完全符合，符合，基本符合，不符合)。

(3) 进行单因素评价，建立模糊关系矩阵 $\boldsymbol{R}$：

$$\boldsymbol{R}=\begin{bmatrix} r_{11} & r_{12} & \cdots & r_{14} \\ r_{21} & r_{22} & \cdots & r_{24} \\ \vdots & \vdots & \vdots & \vdots \\ r_{12,1} & r_{12,2} & \cdots & r_{12,4} \end{bmatrix}$$

式中：r_{ij} 表示从因素 u_i 着眼，评价对象能被评为 v_j 的隶属度。一般将其归一化，使之满足 $\sum_{j=1}^{n} r_{ij} = 1$。

(4) 确定评价因素权向量 $\boldsymbol{A} = (a_1, a_2, \cdots, a_{12})$，本次研究采用层次分析法确定权向量。

(5) 模糊合成及结果分析。$\boldsymbol{R}$ 中不同行反映了被评价事物从不同的单因素来看对各等级模糊子集的隶属程度。用模糊权向量 $\boldsymbol{A}$ 将不同的行进行综合，就可得到该被评事物从总体上来看对各等级模糊子集的隶属程度，即模糊综合评价结果向量。模糊综合评判的基本模型为 $\boldsymbol{B} = \boldsymbol{A} \cdot \boldsymbol{R}$。由于模糊综合评判计算结果以模糊向量形式体现，不能直接用于决策，因此进一步采用最大隶属度原则进行处理得到评判结果。

第5章 用水量校核评估技术实例应用

5.1 济宁市农业用水规律研究

5.1.1 农业用水量趋势分析

为了解济宁市农业灌溉用水情况，现对济宁市2001—2014年农业灌溉用水量做趋势分析，数据来源为济宁市水资源公报中的农业灌溉用水量资料。由图5.1可知，农业灌溉用水量的变化可明显分为3个阶段：2001—2005年是逐年大幅下降阶段，灌溉用水量由23.4亿m^3减少到15.6亿m^3，最大年际变化约为−4.33亿m^3。2006—2010年由16.7亿m^3增长到19.5亿m^3，为缓慢增长阶段，但该阶段的最大值仍小于第一阶段的最大值。2011—2014年为平稳阶段，该阶段农业灌溉用水量的均值为17.57亿m^3，变化幅度极小。

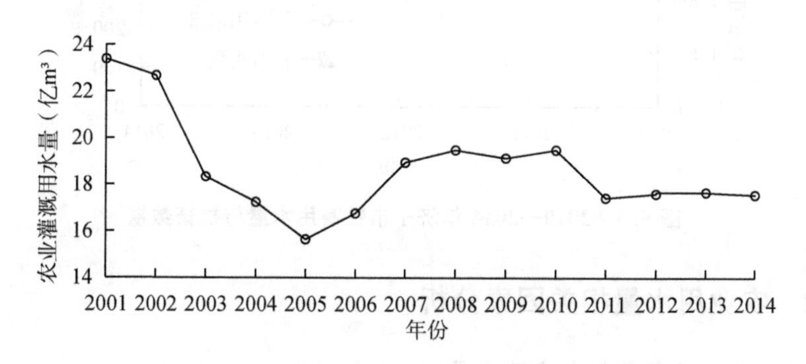

图5.1 2001—2014年济宁市农业灌溉用水量

济宁市近五年来，鱼塘补水年用水量和鱼塘补水面积如图5.2所示。济宁市鱼塘补水年用水量总体波动不大，尤其是2012年以来，鱼塘补水量都接近于6 500万m^3，因此2014年济宁市鱼塘补水用水量是合理的。2011年鱼塘补水面积变化较大，相比 2010 年减少了 18.56 万亩，2011 年后基本保持不变，平均补水面积为 17.58 万亩。2010—2014 年济宁市牲畜用水量和牲畜数量如图 5.3 所示。大牲畜平均值为 39.3 万头，小牲畜数量平均值为 543.0 万头，牲畜总量平均值为 582.9 万头，牲畜数量年际间变化不大，比较稳定。牲畜用水量除 2011 年波动幅度较大以外，基本保持在 4 000 万 m^3 左右。2014 年，牲畜用水总量 3 766.4 万 m^3，与均值相比有所减少，主要是由于牲畜总数减少。

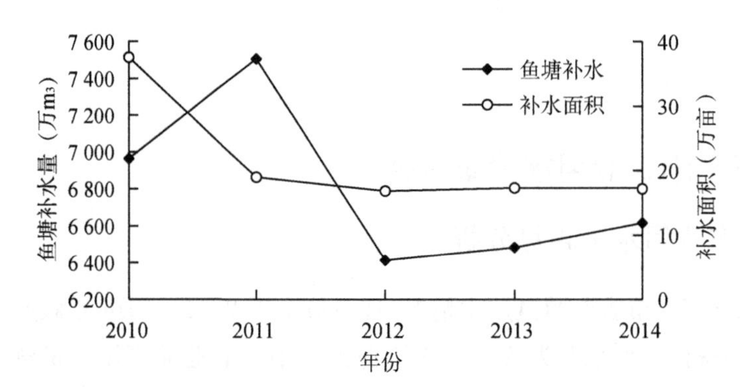

图 5.2　2010—2014 年济宁市鱼塘补水量与补水面积

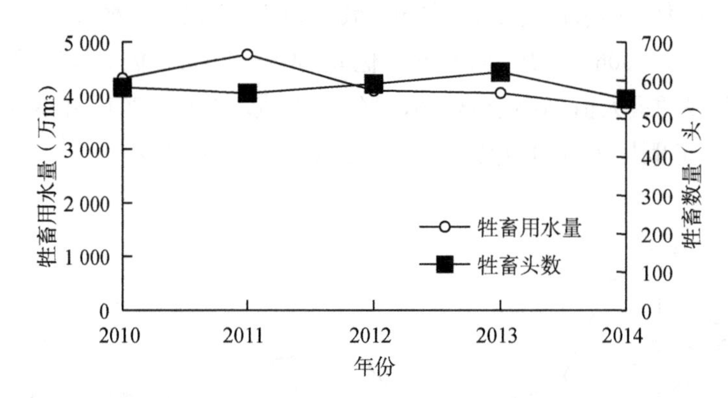

图 5.3　2010—2014 年济宁市牲畜用水量与牲畜数量

5.1.2　农业用水量相关因素分析

5.1.2.1　农业用水量与农产品产量

2007—2013 年，济宁市主要农作物产量如图 5.4 所示。粮食作物播种面积由 852.9 万亩增长到 1 136.3 万亩，经济作物由 697.8 万亩减少到 484.1 万亩，粮经作物播种面积比例逐年增加。蔬菜产量最高，整体上呈增长趋势，由 658.52 万t 增长到 1 068.23 万 t，单产约 2 507.51 kg/亩。粮食产量次之，整体上呈下降趋势，由395.60万t增长到578.56万t，单产约479.78 kg/亩。由表5.1可知，总用水量与棉花、油料、蔬菜的产量及油料单产呈正关，与粮食产量、粮食单产及水果单产负相关。总用水量与粮食产量、油料单产的相关性极强。由表5.2可知，农业用水量与蔬菜的产量及油料、水果单产呈正相关，与粮食、油料产量及粮食单产负相关。

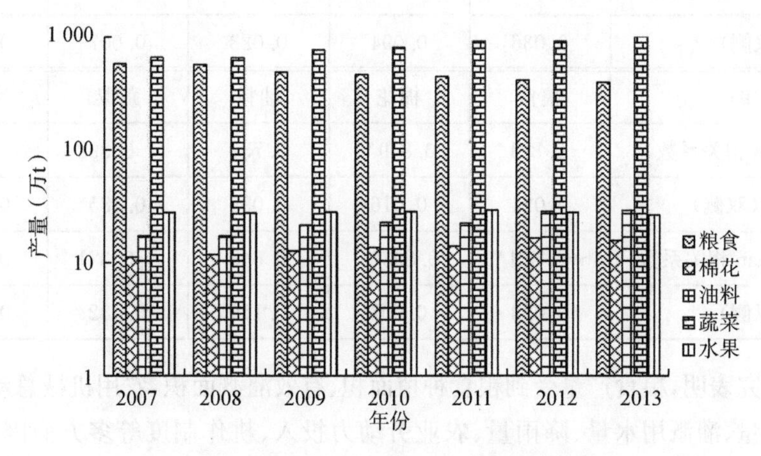

图5.4 2007—2013年济宁市主要农作物产量

表5.1 济宁市总用水量与农作物产量及单产相关性分析

农作物产量	粮食	棉花	油料	蔬菜	水果
Pearson相关系数	−0.900**	0.853*	0.813*	0.802*	0.261
显著性(双侧)	0.006	0.015	0.026	0.03	0.572
Spearman相关系数	−0.75	0.857*	0.75	0.786*	0.536
Sig.(双侧)	0.052	0.014	0.052	0.036	0.215
农作物单产	粮食	棉花	油料	蔬菜	水果
Pearson相关系数	−0.908**	−0.54	0.877**	0.636	−0.858*
显著性(双侧)	0.005	0.211	0.009	0.125	0.014
Spearman相关系数	−0.786*	−0.357	0.929**	0.643	−0.75
Sig.(双侧)	0.036	0.432	0.003	0.119	0.052

表 5.2　济宁市农业用水量与农作物产量及单产相关性分析

农作物产量	粮食	棉花	油料	蔬菜	水果
Pearson 相关系数	−0.841*	−0.727	−0.821*	0.849*	0.737
显著性(双侧)	0.018	0.064	0.024	0.016	0.059
Spearman 相关系数	−0.786*	−0.679	−0.821*	0.893**	0.643
Sig.(双侧)	0.036	0.094	0.023	0.007	0.119
农作物单产	粮食	棉花	油料	蔬菜	水果
Pearson 相关系数	−0.821*	0.849*	0.737	−0.392	0.774*
显著性(双侧)	0.024	0.016	0.059	0.385	0.041
Spearman 相关系数	−0.821*	0.893**	0.643	−0.321	0.714
Sig.(双侧)	0.023	0.007	0.119	0.482	0.071

研究表明，粮食产量受到粮食种植面积、有效灌溉面积、农用机械总动力、化肥使用量、灌溉用水量、降雨量、农业劳动力投入、耕作制度等多方面因素的影响，用水量与粮食产量之间的关系也是极其复杂的。图 5.5 与图 5.6 分别为 2007—2013 年济宁市总用水量、农业用水量与粮食产量散点图。通过数据分析发现，总用水量及农业用水量均与粮食产量呈极强的负相关关系。可能是在降水量丰沛且与农耕期的时程匹配条件下，农作物需水量能够得到满足，所需农业灌溉用水量减少。在降水量不足的条件下，对农业灌溉用水量的需求将有所增加，不充分的农业灌溉会导致粮食产量下降的情况。

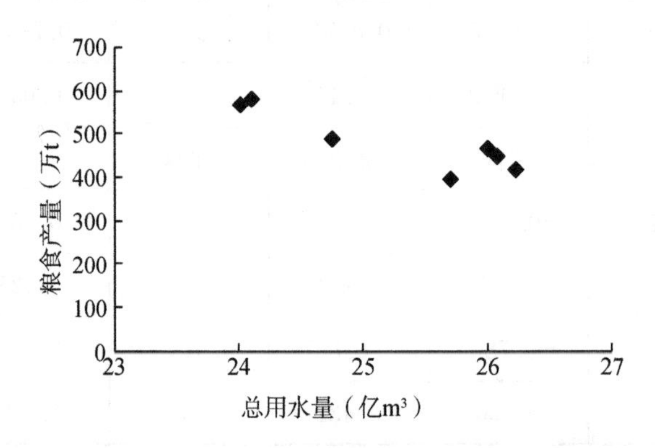

图 5.5　2007—2013 年济宁市总用水量与粮食产量的关系

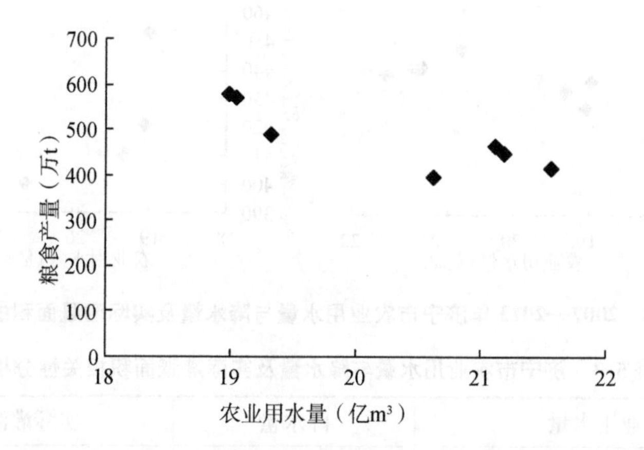

图 5.6　2007—2013 年济宁市农业用水量与粮食产量的关系

5.1.2.2　农业用水量与降水及实际灌溉面积

2007—2013 年，济宁市降水量及实际灌溉面积变化如图 5.7 所示。降水量由 822.7 mm 减少到 659.1 mm，年平均减少 2.6%。2007 年降水量最大，为 822.7 mm，2012 年的降水量最小，为 502.6 mm。济宁市农业实际灌溉面积整体上呈上升的趋势，由 400 260 hm^2 增长到 453 460 hm^2，年平均增长率为 2.1%。2013 年实际灌溉面积的增长率最大，为 7.8%。表 5.3 为济宁市农业用水量与降水量及实际灌溉面积相关性分析，农业用水量与二者的相关性并不明显。原因可能同农业用水量与粮食产量的关系相似。虽然实际灌溉面积逐渐增大，但在降水条件的影响下，当降水量丰沛且与农耕期的时程匹配，农作物需水量能够得到满足，所需农业灌溉用水量减少。相反，当降水条件不利时，农业用水量会大大增加。农业用水量与降水量及实际灌溉面积的散点图如图 5.8 所示。

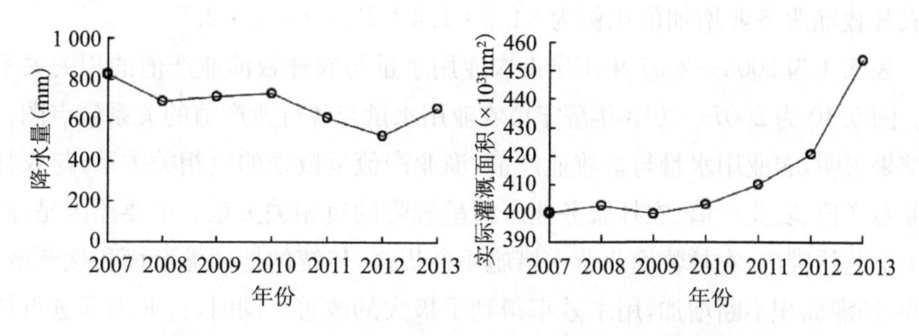

图 5.7　2007—2013 年济宁市降水量及实际灌溉面积

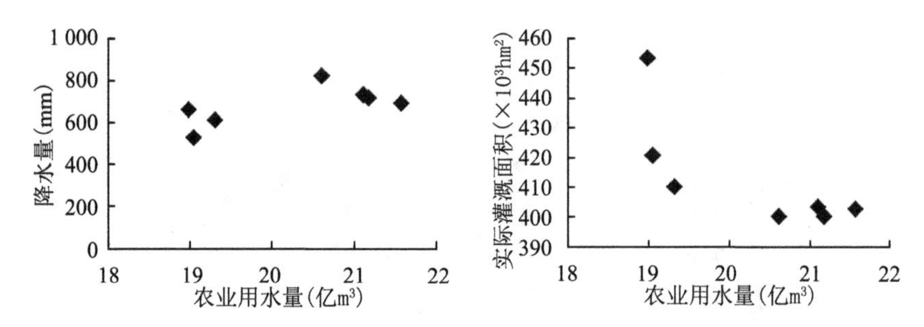

图 5.8　2007—2013 年济宁市农业用水量与降水量及实际灌溉面积的关系

表 5.3　济宁市农业用水量与降水量及实际灌溉面积相关性分析

农业用水量	降水量	实际灌溉面积
Pearson 相关系数	0.673	−0.748
显著性(双侧)	0.098	0.053
Spearman 相关系数	0.536	−0.821
Sig.(双侧)	0.215	0.23

5.1.2.3　农业用水量与农林牧渔业产值

2007—2013 年,济宁市农林牧渔业保持平稳发展,产值逐年递增,见图 5.9。农林牧渔业总产值由 418.8 亿元增长到 815 亿元,农业产值所占比例最大,约占 57%,农业产值由 223.7 亿元增长到 471.1 亿元,林业产值由 7.3 亿元增长到 9.9 亿元,畜牧业产值由 144.5 亿元增长到 245.9 亿元,渔业由 28.3 亿元增长到 59.9 亿元,农林牧渔服务业由 15.0 亿元增长到 28.2 亿元。到 2013 年,农林牧渔业实现增加值 418.9 亿元,比上年增长 4.3%。其中,农业增加值 270.4 亿元,增长 4.3%;林业 6.0 亿元,增长 8.8%;畜牧业 104.8 亿元,增长 3.9%;渔业 27.2 亿元,增长 4.7%;农林牧渔服务业 10.6 亿元,增长 4.7%。农、林、牧、渔及农林牧渔服务业增加值比例为 64.5∶1.4∶25.0∶6.5∶2.6。

表 5.4 为 2003—2007 年济宁市农业用水量与农林牧渔业产值的相关关系分析。图 5.10 为 2007—2013 年济宁市农业用水量与各行业产值的关系散点图。分析结果表明,农业用水量与畜牧业产值、渔业产值呈极强的负相关关系,与农林牧渔业总产值、农业产值、农林服务业产值呈较强的负相关关系。主要原因是,随着节水工艺的推广,农林牧渔业节水措施不断提高,传统的地面灌溉面积逐渐减少,微灌、滴灌面积不断增加,用水效率得到了极大的改善。同时,行业内部进行技术革新,注重管理,导致产值不断提高,因而农业用水量与农林牧渔业产值呈现明显的负相关。

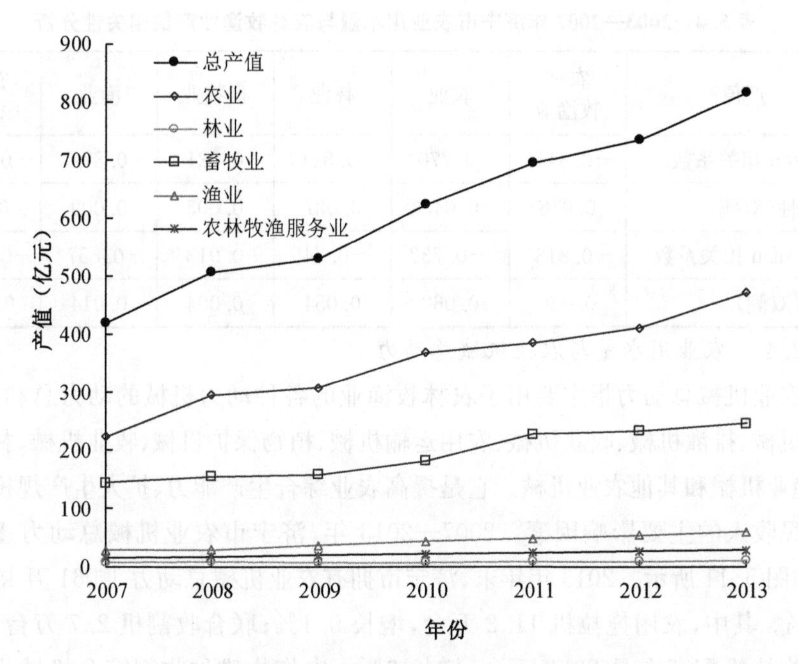

图 5.9 2007—2013 年济宁市农林牧渔业产值

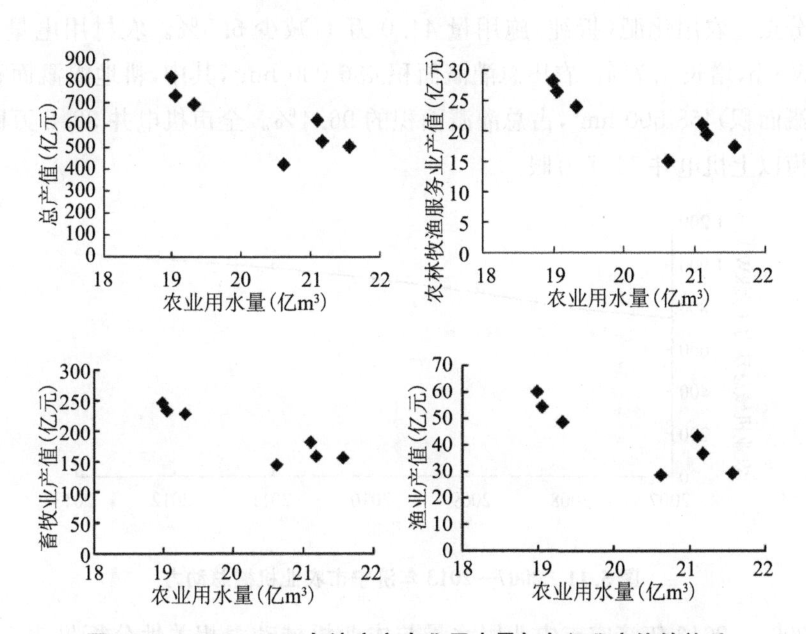

图 5.10 2007—2013 年济宁市农业用水量与各行业产值的关系

表 5.4　2003—2007 年济宁市农业用水量与农林牧渔业产值相关性分析

产值	农林牧渔业	农业	林业	畜牧业	渔业	农林服务业
Pearson 相关系数	−0.841*	−0.770*	−0.811*	−0.921**	−0.879**	−0.874*
显著性(双侧)	0.018	0.043	0.027	0.003	0.009	0.01
Spearman 相关系数	−0.813*	−0.732	−0.745	−0.913**	−0.857*	−0.840*
Sig.(双侧)	0.026	0.062	0.054	0.004	0.014	0.018

5.1.2.4　农业用水量与农业机械总动力

农业机械总动力指主要用于农林牧渔业的各种动力机械的动力总和，包括耕作机械、排灌机械、收获机械、农用运输机械、植物保护机械、牧业机械、林业机械、渔业机械和其他农业机械。它是提高农业综合生产能力、扩大生产规模和增加农民收入的主要影响因素。2007—2013 年，济宁市农业机械总动力逐年增加，如图 5.11 所示。2013 年年末，济宁市拥有农业机械总动力 1 061 万 kW，增长 4%。其中，农用拖拉机 11.2 万台，增长 0.1%；联合收割机 2.7 万台，增长 6%；拖拉机配套农具 20.3 万台，增长 3%。农作物耕种收割综合机械化水平 86%，其中，玉米机播、机收水平分别为 91.6%、89%，比上年分别提高 4 个和 2 个百分点。农用化肥(折纯)施用量 44.0 万 t，减少 5.5%。农村用电量 15.5 亿 kW·h，增长 4.7%。农田总灌溉面积 486 000 hm^2，其中，耕地灌溉面积(有效灌溉面积)468 500 hm^2，占总灌溉面积的 96.4%。全市机电井 32.8 万眼，其中规模以上机电井 11.7 万眼。

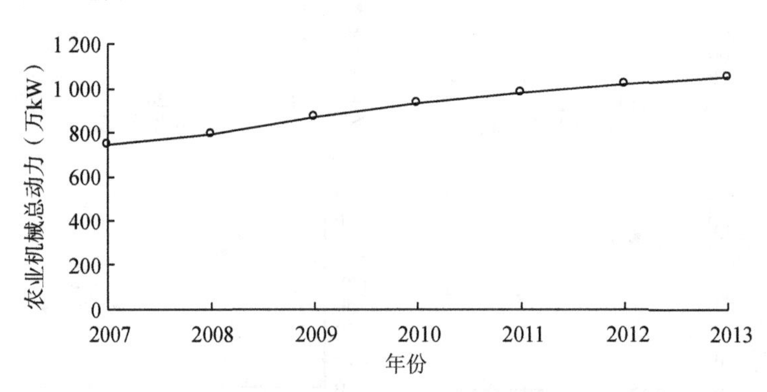

图 5.11　2007—2013 年济宁市农业机械总动力

2007—2013 年济宁市农业用水量与农业机械动力相关性分析见表 5.5 和图 5.12，分析结果表明，农业用水量与农业机械总动力呈较强的负相关关系。

这主要是由于农业机械的使用能够有效节约灌溉用水，对耕地进行有效灌溉，进而减少了农业用水量。近年来，农业部积极引导农民购置使用先进适用农业机械，开展农机报废更新补贴工作试点，促进老旧农机更新换代和节能减排，开展主要农作物农机农艺融合关键技术研究与示范，加大农机化，主推技术推广力度，农机作业面积持续扩大，农机主力军作用凸显。济宁市作为试点之一，农机装备结构持续优化，重点作物和关键环节农机具增长较快，拖拉机大型化、配套化的趋势更加明显。2013年，济宁市机耕面积64.9万hm^2，机播面积65.3万hm^2，机械植保面积39.6万hm^2，机收面积64.4万hm^2。农机装备总量的快速增长，进一步促进了农业生产方式的转变。

表5.5　2007—2013年济宁市农业用水量与农业机械动力相关性分析

农用机械动力	农村用电量	农药施用量	农用柴油使用量	农用机械总动力
Pearson相关系数	−0.278	0.448	0.046	−0.794*
显著性(双侧)	0.546	0.314	0.922	0.033
Spearman相关系数	−0.357	0.679	−0.143	−0.786*
Sig.(双侧)	0.432	0.094	0.76	0.036

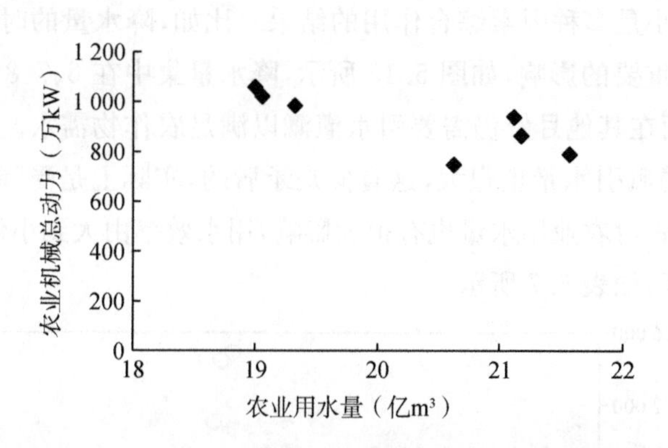

图5.12　2007—2013年济宁市农业用水量与农业机械总动力的关系

5.1.3　区域灌溉用水与样点灌区用水特征分析

5.1.3.1　区域灌溉用水特征

农业灌溉用水量受用水水平、气象因素、土壤、作物、耕作方法、灌溉技术以及渠系利用系数等因素的影响，并且存在明显的地域差异。由于各地水源条件、作物品种、耕植面积不同，用水量也不尽相同。影响区域灌溉用水量的关键因素包括灌区作物净灌溉需水量、农作物种类及耕作方法和耕植面积、灌溉水利用系数。其中，灌区净灌溉需水量反映气象条件、有效降水对用水量的影响，灌区农作物种类及耕作方法和耕植面积能够反映一个地区种植结构，灌溉水利用系数能够反映土壤、灌溉技术、灌溉管理水平、水源条件等。可以通过对一年中不同时段不同作物的种植面积、净灌溉需水量、灌溉水利用系数等量化指标进行分析计算，得到灌溉用水量与上述指标之间的关系。表 5.6 是根据济宁市水资源公报和梁山气象站逐日降水资料得到的 2001—2010 年梁山县农业用水量、灌溉面积和年降水量数据。

表 5.6　梁山县引黄灌区 2001—2010 年农业用水量、灌溉面积和年降水量

年份	2001	2002	2003	2004	2005	2006	2007	2008	2009	2010
农业用水量(m^3)	24 867	17 800	16 984	14 429	16 337	17 840	19 579	18 634	21 018	24 461
灌溉面积(万亩)	63.3	64.26	45	66.89	66.89	74.48	74.55	64.44	64.44	63.97
年降水量(mm)	256.1	295.9	777	509.5	653.4	320.1	545.8	497.2	664.9	641.70

影响农业用水量的因素有灌溉面积、农作物类型、地区降水量、降水量的时程分配、灌溉方式等，但分析发现，单一因素对农业用水量的影响并不明显。图 5.13 与图 5.14 所示的是灌溉面积和降水量与农业用水量的关系，由此可知农业用水量的大小是多种因素综合作用的结果。比如，降水量的时程分配对农业用水量会产生重要的影响，如图 5.15 所示，降水量集中在 6、7、8、9 月份且大于作物需水量，而在其他月份仍需要引水灌溉以满足农作物需水。个别年份年降水量很大，但灌溉引水量也很大，这看似是矛盾的，实际上是受降水时程分配的影响。灌溉方式对农业用水量也有很大影响，用水效率由大到小依次为井灌区、湖灌区、黄灌区，如表 5.7 所示。

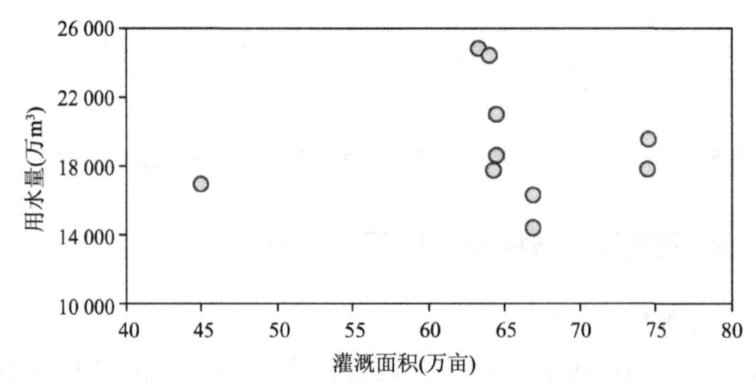

图 5.13　农业用水量和灌溉面积的关系

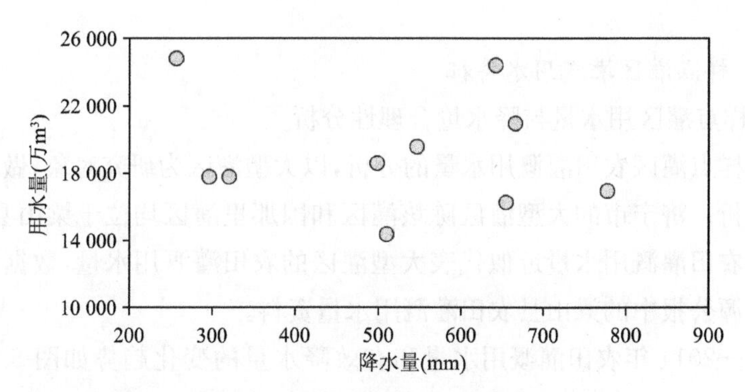

图 5.14　农业用水量和降水量的关系

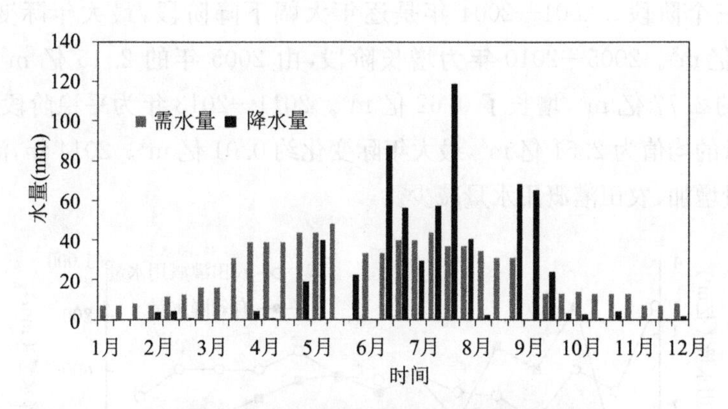

图 5.15　作物逐旬需水量与降水量时程分配

表 5.7　济宁市 2011 年部分灌区用水量情况

部分灌区	汶上县井灌区	微山县湖灌区	梁山县黄灌区
灌溉面积(万亩)	2.003 6	2.742 9	48.823 6
用水量(万 m^3)	365.49	765.52	15 150.86
亩均用水量(m^3/亩)	182	279	310

济宁市农业灌溉以引黄灌溉为主，井灌、湖灌为辅，且黄灌区用水效率普遍较低，因此把黄灌区作为主要的研究对象。梁山县主要是黄灌区，且灌溉面积大、用水量大，因此把梁山县定为建立农业用水量核算方法的典型区。根据影响农业用水量的主要因素，从气象因素、作物类型、灌溉面积、降水时程分配等几个方面综合研究作物需水量，建立科学合理的农业用水量核算方法。

5.1.3.2 样点灌区灌溉用水特征

(1) 样点灌区用水量与降水量合理性分析

本次样点灌区农田灌溉用水量的分析，以大型灌区为研究对象，做本次考核的实例分析。济宁市的大型灌区陈垓灌区和国那里灌区均位于梁山县，因此以梁山县的农田灌溉用水量近似代表大型灌区的农田灌溉用水量，数据来源为济宁市水资源公报中的梁山县农田灌溉用水量资料。

2001—2014 年农田灌溉用水量和有效降水量的变化趋势如图 5.16 所示。大型灌区农田灌溉用水量的变化趋势与济宁市的有效降水量趋势基本一致，可划分为三个阶段。2001—2004 年是逐年大幅下降阶段，最大年际变化约为 −1.57 亿 m³。2005—2010 年为增长阶段，由 2005 年的 2.15 亿 m³ 增长到 2010 年的 2.77 亿 m³，增长了 0.62 亿 m³。2011—2013 年为平稳阶段，农田灌溉用水量的均值为 2.51 亿 m³，最大年际变化约 0.01 亿 m³。2014 年，灌区内有效降水量增加，农田灌溉用水量减少。

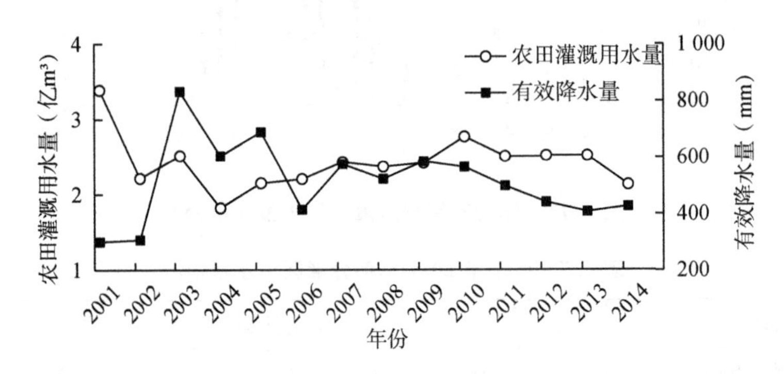

图 5.16 大型灌区农田灌溉用水量和有效降水量

根据以上大型灌区的农田灌溉用水量阶段的划分，做相应阶段内农田灌溉用水量和有效降水量的相关分析。从表 5.8 可以看出，在 2001—2004 年、2005—2010 年这两个时间段内，农田灌溉用水量和有效降水量的相关性不明显。2011—2013 年，两者呈显著负相关关系，有效降水量增大时，农田灌溉用水量减少，具有逻辑合理性。由此对 2014 年大型灌区农田灌溉用水量进行合理性分析：2013 年有效降水量为 405.68 mm，农田灌溉用水量为 2.52 亿 m³。2014 年有效降水量为 424.68 mm，农田灌溉用水量为 2.13 亿 m³，与上述分析一致，因此，2014 年大型灌区农田灌溉用水量的数据是合理的。

表 5.8　济宁市大型灌区农田灌溉用水量和有效降水量相关分析

不同阶段	2001—2004 年	2005—2010 年	2011—2013 年
Pearson 相关系数	−0.363	0.001	−0.947
Spearman 相关系数	−0.4	0.8	−1.0**

(2) 样点灌区用水量与节水灌溉工程面积合理性分析

济宁市典型灌区的灌溉面积情况见表 5.9。2014 年,陈垓引黄灌区实际灌溉面积 40.36 万亩,其中 65.7%利用防渗渠道,6.2%利用管道输水,节水灌溉工程面积共占 71.9%。与 2013 年相比,节水灌溉面积增加了 6.2%,灌溉用水量增加了 3%,主要由于 2014 年的播种面积有所增加。陈垓引黄灌区主要种植小麦、玉米,由于实际灌溉面积大,所需灌溉用水量较多,符合客观实际情况。2013 年、2014 年国那里灌区的节水灌溉面积相同,但 2014 年的灌溉净用水量有所减少,可能与降水量的增长有关。

表 5.9　济宁市陈垓引黄灌区的灌溉面积情况　　单位:万亩

年份	有效灌溉面积	实灌面积	节水灌溉工程面积				
			防渗渠道	管道输水	喷灌	微灌	合计
2013	42.21	40.36	26.51	0	0	0	26.51
2014	42.21	40.36	26.51	2.49	0	0	29

(3) 样点灌区用水量与作物产量合理性分析

样点灌区农田灌溉用水量与粮食产量的分析,仍以大型灌区为研究对象,做本次考核的实例分析。济宁市的大型灌区陈垓灌区和国那里灌区均位于梁山县,因此以梁山县的粮食产量近似代表大型灌区的粮食产量。图 5.17 为大型灌区 2001—2014 年的粮食产量与灌溉用水量的情况,呈增长的趋势。根据以上大型灌区农田灌溉用水量的阶段划分,可以看出 2001—2004 年随着农田灌溉用水量的减少,粮食产量出现下滑,产量均值 33.32 万 t,变化相对较稳定。2005—2010 年粮食产量随农田灌溉用水量的增加而增长,产量均值 39.2 万 t,变化相对稳定。2011—2014 年,在农田灌溉用水量保持平稳的情况下,2012 年粮食产量相比 2011 年出现大幅增长,可能是与节水灌溉面积的增加和节水措施的推广有关。2012 年之后粮食产量基本保持平稳,产量平均值 71.37 t/亩。由此可见,农田灌溉用水量和粮食产量的变化基本上具有一致性,农田灌溉用水量符合客观实际。

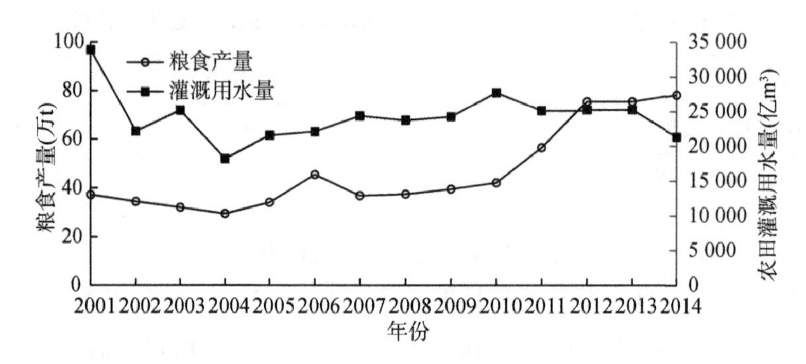

图 5.17　2001—2014 年大型灌区粮食产量与农田灌溉用水量

5.2　济宁市工业用水规律研究

5.2.1　工业用水量趋势分析

工业用水是指工业生产过程中直接和间接使用的水量，主要包括原料用水、动力用水、冲洗用水和冷却用水等。工业用水是一个复杂的动态变化系统，受自然、经济、技术、管理等诸多因素的影响，具体表现为：生产设备状况、用水工艺水平、专业化水平、生产规模、产品结构、供水方式、原料特性、管理水平、水质状况和外部环境等。同时由于工业用水企业繁多，行业间用水规律千差万别，在实际工作中难以对所有的用水企业及其用水影响因素都进行分析。

2007—2013 年，济宁市工业用水量及产值的历年变化趋势如图 5.18 所示。工业用水量由 1.99 亿 m^3 增长到 2.42 亿 m^3，平均值为 2.33 亿 m^3，平均增长率 4.7%，变化较稳定。工业产值由 2 774.57 亿元增长到5 870.43 亿元，整体呈上升趋势，年平均增长率 16.6%，平均值为 4 316 亿元，变化幅度不大。随着工业产值的不断增长，济宁市用水量是有上下浮动变化的，可能是由于节水设备的使用和节水公益的推广使工业用水量得到控制。由图5.19 可以发现，除了 2009 年、2011 年的数据外，其余年份的散点近似分布在一条直线上。工业用水量与工业产值的 Pearson 相关系数是 0.5，Spearman 相关系数是 0.75，符合实际情况。

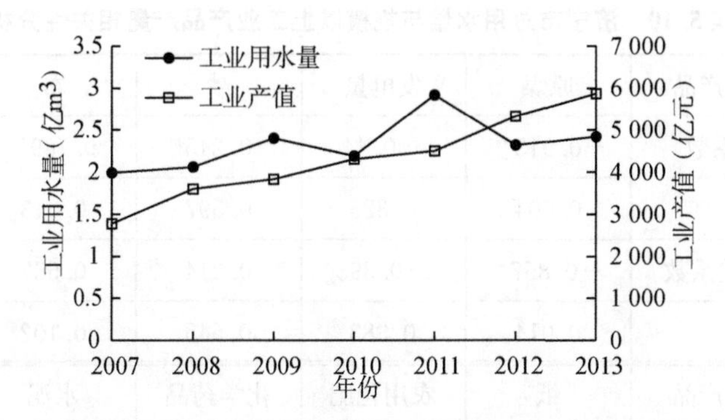

图 5.18 2007—2013 年济宁市工业用水量与工业产值的历年变化趋势

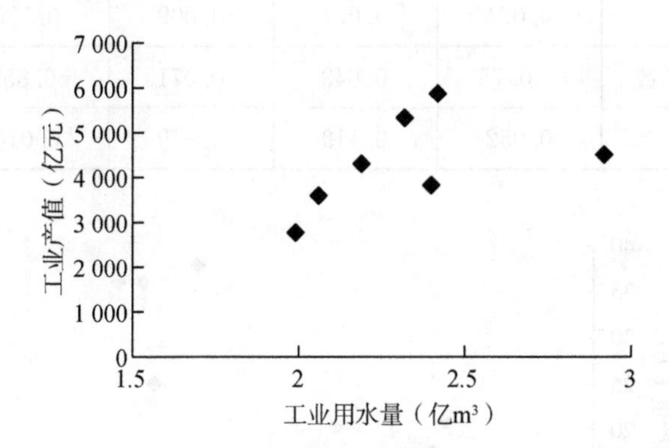

图 5.19 2007—2013 年济宁市工业用水量与工业产值的关系

5.2.2 工业用水量相关因素分析

5.2.2.1 工业用水量与规模以上工业产品产量

总用水量与主要规模以上工业产品产量的相关关系见表 5.10 和图 5.20。总用水量与农用化肥、化学药品、布的产量呈正相关，与原煤的产量呈负相关。2007—2013 年，济宁市农用化肥产量如图 5.21 所示，由 37.9 万 t 下降到 17.3 万 t。过去很长一段时间里，人们过量施用化肥，导致了化肥利用率较低且对水体、大气造成了严重的污染。河川、湖泊和内海的富营养化，土壤污染及物理性质恶化，都与其有一定的关联。环境保护作为我国的基本国策，其思想观念已经深入人心。化肥生产量的减少也说明了人们对过量施加化肥产生的面源污染及农产品质量问题的重视。

表 5.10 济宁市总用水量与规模以上工业产品产量相关性分析

规模以上工业产品	原煤	发电量	纱	布	饮料酒
Pearson 相关系数	−0.913**	−0.44	0.245	0.769*	0.129
显著性(双侧)	0.004	0.323	0.597	0.043	0.783
Spearman 相关系数	−0.857*	−0.393	0.214	0.667	0.286
Sig.(双侧)	0.014	0.383	0.645	0.102	0.535
规模以上工业产品	纸	农用化肥	化学药品	水泥	烧碱
Pearson 相关系数	−0.819*	0.829*	0.877**	0.636	−0.858*
显著性(双侧)	0.024	0.021	0.009	0.125	0.014
Spearman 相关系数	−0.75	0.643	0.071	−0.857*	0.214
Sig.(双侧)	0.052	0.119	0.879	0.014	0.645

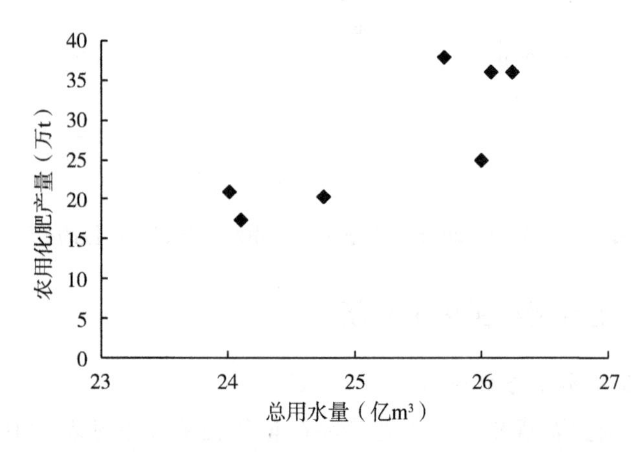

图 5.20 2007—2013 年济宁市总用水量与农用化肥产量的关系

5.2.2.2 工业用水量与规模以上工业能源消耗

总用水量与规模以上工业能源消耗量相关性分析见表 5.11。总用水量与汽油消耗量、柴油消耗量及产值单耗呈正相关，与电力消耗量及综合能源消耗量呈负相关。它与汽油消耗量相关性极强，与柴油消耗量、电力消耗量、综合能源消耗和产值单耗相关性较强。图 5.22 为 2007—2013 年济宁市规模以上工业及分行业汽油消耗量趋势图，图 5.23 为 2007—2013 年济宁市总用水量与规模以上工业汽油消耗量的关系。规模以上工业汽油消耗量与制造业的汽油消耗量整体变化趋势最为相近，制造业的汽油消耗量占到规模以上工业汽油消耗量的

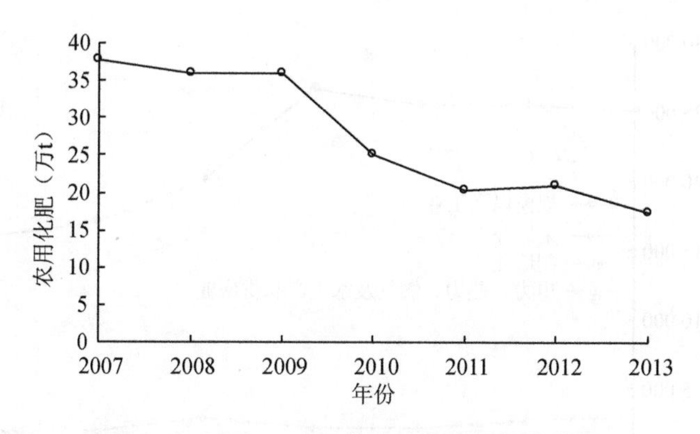

图 5.21 2007—2013 年济宁市农用化肥产量

84%左右。2007—2010 年，规模以上工业汽油消耗量逐年增长，由 25 101 t 增长到 26 626 t，2010—2013 年，规模以上工业汽油消耗量呈下降的趋势，减少到 15 950 t，汽油主要用于煤炭开采和洗选业、汽车制造业、纺织业、通用设备制造业、专用设备制造业等行业。

表 5.11 济宁市总用水量与规模以上工业能源消耗量相关性分析

规模以上工业能源消耗	原煤消耗量	汽油消耗量	柴油消耗量	电力消耗量	综合能源消耗量	产值单耗
Pearson 相关系数	−0.263	0.981**	0.759*	−0.807*	−0.782*	0.850*
显著性(双侧)	0.569	0	0.048	0.028	0.038	0.015
Spearman 相关系数	−0.321	0.821*	0.75	−0.75	−0.679	0.75
Sig.(双侧)	0.482	0.023	0.052	0.052	0.094	0.052

工业用水量与规模以上工业产品消耗量相关性分析见表 5.12。工业用水量与综合能源消耗量具有较强的相关性。工业生产综合能源消耗量是指在统计报告期内工业生产用的各种能源折标准煤后进行汇总，并扣除本企业能源加工转换产出的能源折标准煤的汇总量。图 5.24 为 2007—2013 年济宁市规模以上工业综合能源消耗量，电力、热力、燃气及水生产和供应业的综合能源消耗量所占比例最大，约为 41.6%，制造业和采矿业所占比例分别为 35.8%和 22.6%。图 5.25 为 2007—2013 年济宁市规模以上工业及分行业产值单耗，整体上呈现减少的趋势。规模以上工业的产值单耗平均约为 0.62 t 标准煤/万元，电力、热力、燃气及水生产和供应业的产值单耗最大，平均 3.05 t 标准煤/万元，约为规模以上工业产值单耗的 5 倍。

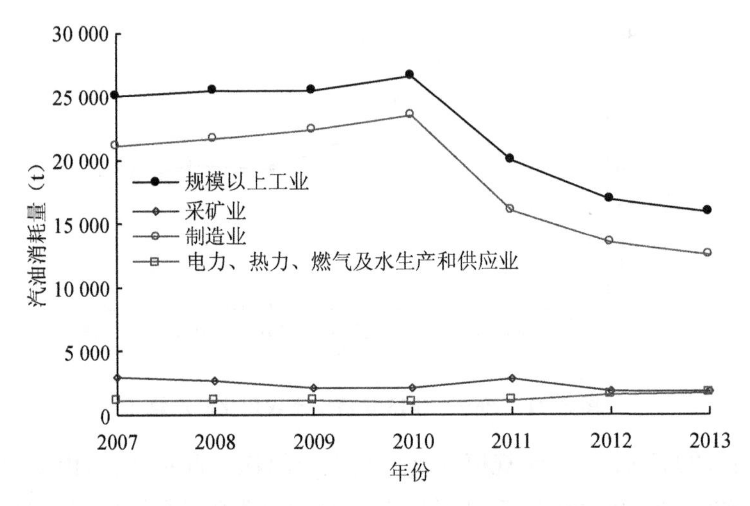

图 5.22　2007—2013 年济宁市规模以上工业及分行业汽油消耗量趋势图

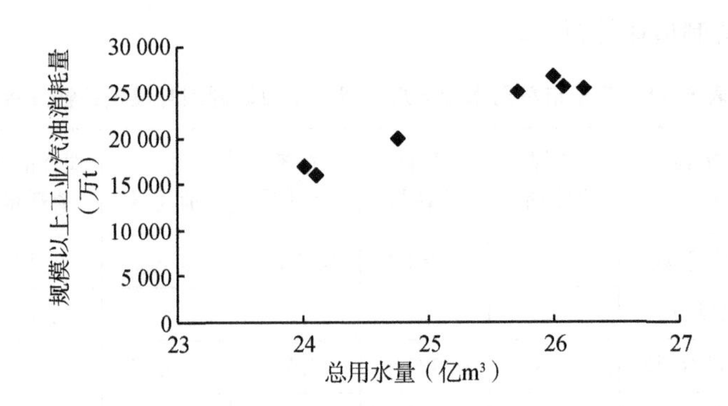

图 5.23　2007—2013 年济宁市总用水量与规模以上工业汽油消耗量的关系

表 5.12　济宁市工业用水量与规模以上工业产品消耗量相关性分析

规模以上工业能源消耗	原煤消耗量	汽油消耗量	柴油消耗量	电力消耗量	综合能源消耗量	产值单耗
Pearson 相关系数	0.707	−0.492	−0.672	0.61	0.783*	0.646
显著性(双侧)	0.076	0.263	0.098	0.146	0.037	0.117
Spearman 相关系数	0.75	−0.429	−0.75	0.75	0.821*	0.75
Sig.（双侧）	0.052	0.337	0.052	0.052	0.023	0.052

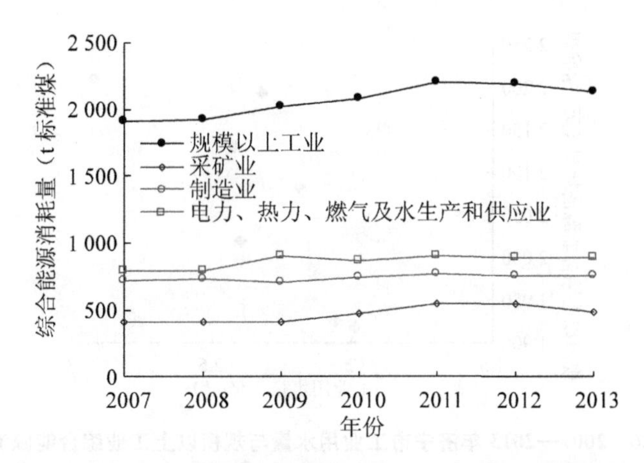

图 5.24　2007—2013 年济宁市规模以上工业及分行业综合能源消耗量

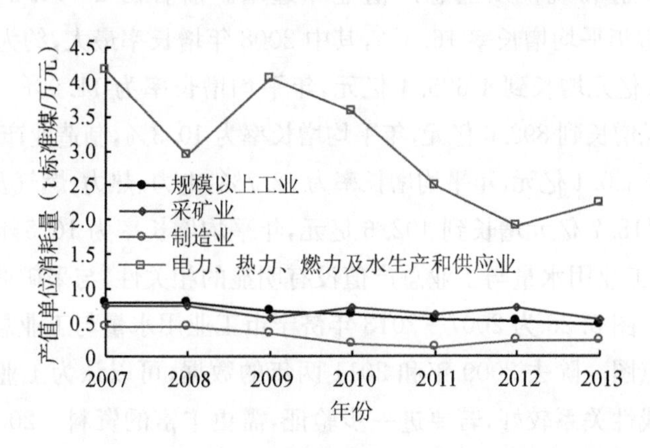

图 5.25　2007—2013 年济宁市规模以上工业及分行业产值单耗

图 5.26 所示为 2007—2013 年济宁市工业用水量与规模以上工业综合能源消耗量的关系。规模以上工业主要是高耗水行业，特别是电力、热力、燃气及水生产和供应业，高投入，高耗能。为了实现经济增长方式由粗犷型向集约型转变，实现可持续发展，需要以有效利用资源和保护环境为基础，发展循环经济之路。近年来，政府制定了相关的政策法律法规，加强能源的节约和高效利用。2007—2013 年，济宁市工业用水量控制在一定范围内，多年平均变化率为 4.7%，规模以上工业综合能源消耗量多年平均变化率为 2.3%，变化幅度均较小，说明节能技术的应用和推广达到了一定的效果。

5.2.2.3　工业用水量与工业产值

2007—2013 年济宁市工业总产值及规模以上工业分行业产值如图 5.27 所

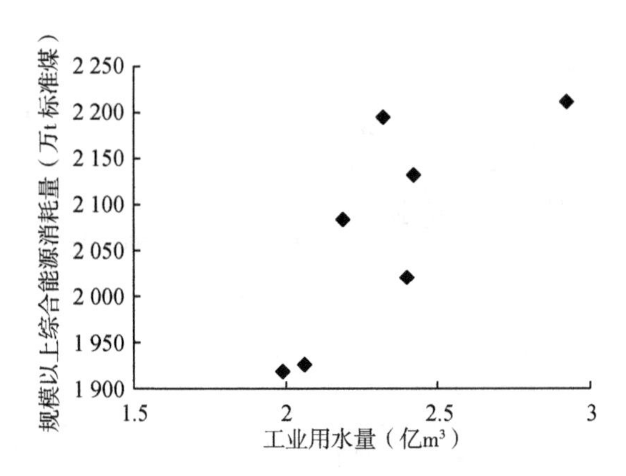

图 5.26　2007—2013 年济宁市工业用水量与规模以上工业综合能源消耗量

示。工业总产值和规模以上总产值逐年递增。前者由 2 774.6 亿元增长到 5 870.4 亿元，年平均增长率 16.6%，其中 2008 年增长率最大，约为 33.8%。后者由 2 391.4 亿元增长到 4 625.4 亿元，年平均增长率为 11.9%。采矿业产值由 550.1 亿元增长到 892.6 亿元，年平均增长率为 10.3%，制造业产值由 1 652.4 亿元增长到 3 330.1 亿元，年平均增长率为 12.7%，电力、热力、燃气及水生产和供应业产值由 118.7 亿元增长到 402.6 亿元，年平均增长率为 16.5%。由表 5.13 可知，济宁市工业用水量与工业总产值没有明显的相关性，与采矿业产值具有极强的相关性。图 5.28 为 2007—2013 年济宁市工业用水量与工业总产值及采矿业产值的散点图。除去 2009 年和 2011 两年的数据，可以认为工业用水量与工业总产值的线性关系较好，若要进一步验证，需更丰富的资料。2008—2013 年，济宁市工业用水量与采矿业产值整体上均呈递增的趋势，年平均变化幅度较小且较为相似，见图 5.29。主要是由于采矿业也是高耗水、高污染行业，政府通过采取对煤炭等自然资源开采的限制、严格审批采矿项目、调整水价等措施，合理控制其发展和扩建，有效保护水资源，控制了工业用水量。

表 5.13　济宁市工业用水量与工业总产值及规模以上工业产值相关性

产值	工业	规模以上工业	采矿业	制造业	电力、热力、燃气及水生产和供应业
Pearson 相关系数	0.5	0.646	0.875**	0.595	0.487
显著性(双侧)	0.254	0.117	0.01	0.159	0.267
Spearman 相关系数	0.75	0.75	0.964**	0.714	0.536
Sig.(双侧)	0.052	0.052	0	0.071	0.215

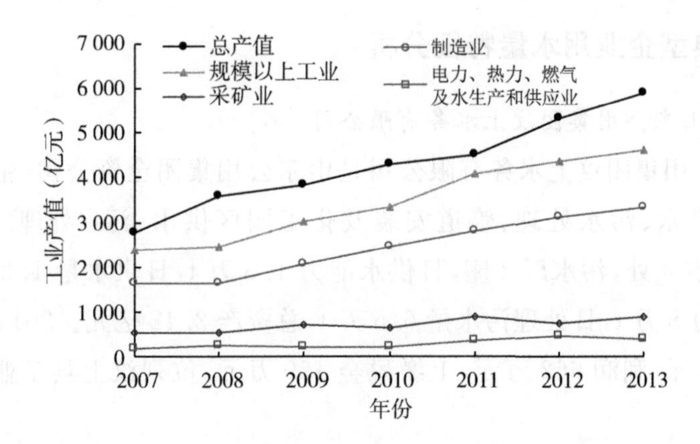

图5.27　2007—2013年济宁市工业总产值及规模以上工业分行业产值

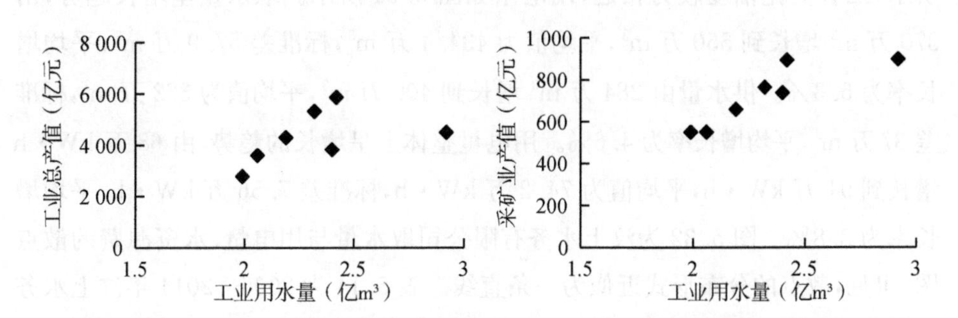

图5.28　2007—2013年济宁市工业用水量与工业总产值及采矿业产值散点图

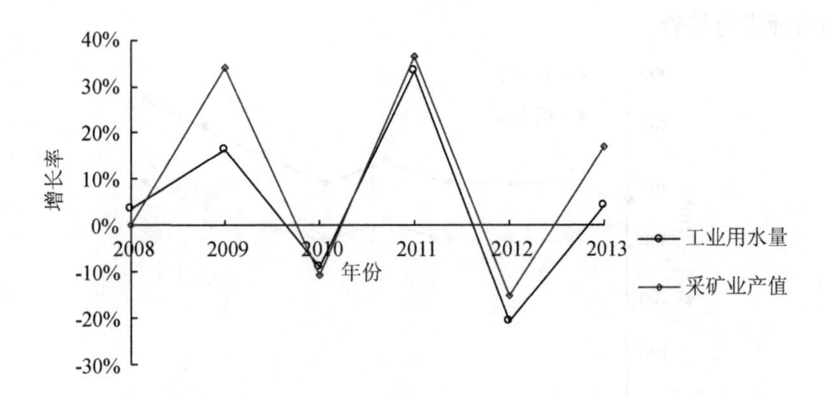

图5.29　2008—2013年济宁市工业用水量与采矿业产值增长率

5.2.3 典型企业用水量特征分析

5.2.3.1 山东公用集团汶上水务有限公司

山东公用集团汶上水务有限公司是山东公用集团全资公司，主要负责汶上县城区供水、污水处理、管道安装及化工园区供水、污水处理。现有水厂2座，供水点4处，污水厂3座，日供水能力1.5万t，日供水量1.2万t，日处理污水能力8万t，日处理污水量6.5万t，总资产2.42亿元。2014年实现收入5 400万元，利润662万元，上缴税金159万元，位列汶上县工业企业纳税500强。

2006—2014年，山东公用集团汶上水务有限公司取水量和供水量如图5.30所示，二者变化幅度较为相近，用电量如图5.31所示。取水量呈增长趋势，由370万m^3增长到550万m^3，平均值为434.4万m^3，标准差57.9万m^3，平均增长率为5.3%。供水量由284万m^3增长到400万m^3，平均值为322万m^3，标准差37万m^3，平均增长率为4.6%。用电量整体上呈增长的趋势，由68万kW·h增长到91万kW·h，平均值为74.2万kW·h，标准差7.56万kW·h，平均增长率为3.8%。图5.32为汶上水务有限公司取水量与用电量、水资源费的散点图，可见，散点的分布形式近似为一条直线。表5.14为2006—2014年汶上水务有限公司取水量与用电量、水资源费的相关性分析，结果表明，取水量与用电量和供水量的相关性极强。在进行用水量的核查时，可以将用电量、水资源费作为辅助指标进行核查。

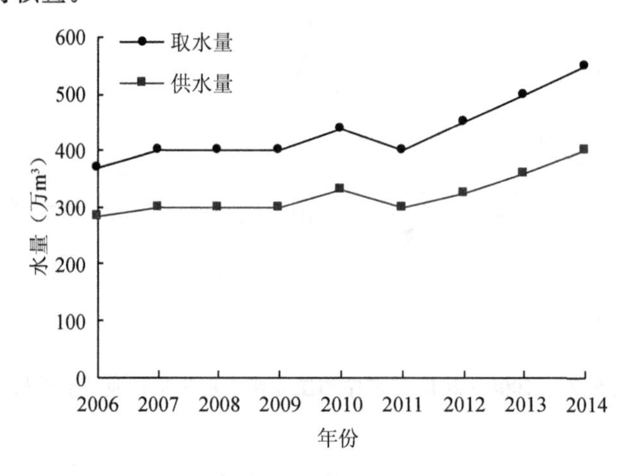

图5.30 2006—2014年山东公用集团汶上水务有限公司取水量与供水量

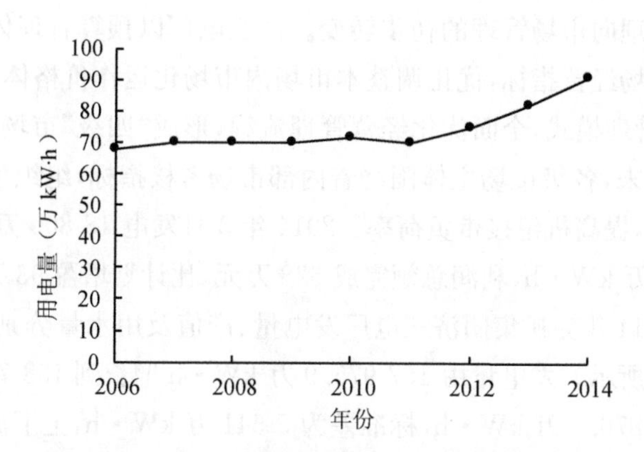

图5.31 2006—2014年山东公用集团汶上水务有限公司用电量

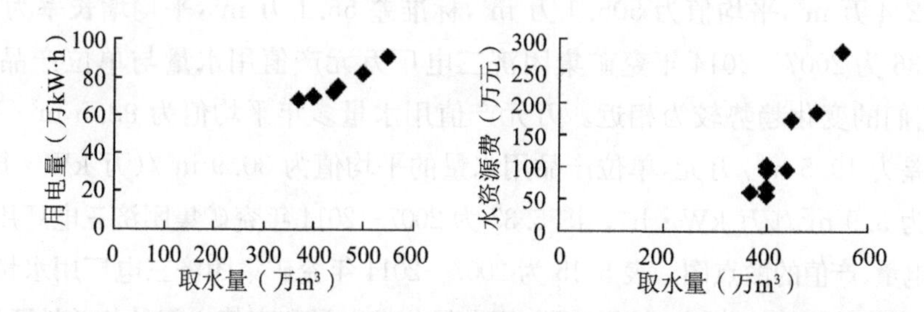

图5.32 2006—2014年汶上水务有限公司取水量与用电量、水资源费的关系

表5.14 2006—2014年汶上水务有限公司取水量与用电量、水资源费的相关性

取水量	用电量	水资源费
Pearson 相关系数	0.979**	0.949**
显著性(双侧)	0	0
Spearman 相关系数	1**	0.870**
Sig.(双侧)	0	0.002

5.2.3.2 山东兖矿科澳铝业有限公司济三电厂

兖矿集团济三电厂主营火力发电，是山东省内最大的煤泥发电企业，面对市场的严峻挑战，借助内部市场化信息平台，依托全面质量化管理，探索出一条独具电力生产经营特点的内部市场化运营体系。兖矿集团济三电厂是兖矿集团内部市场化推行的试点单位，通过调整劳动组织、压缩管理层级，优化经营管理流程，使得管理人员走出办公室，走到生产一线，实施现场管理、现场解决问题，实现了由行政管理向市场管理的初步转变。济三电厂以预算管理体系为基准，分解落实各级市场经营指标，优化调整本市场内市场化运作价格体系，并结合“四值三运行”的管理模式，全面优化经营管理流程，形成“四级”市场运营体系。实施内部市场以来，各级市场主体围绕着内部市场考核指标，组织生产经营管理，优化运行参数，提高机组接带负荷率。2014 年 3 月发电 18 800 万 kW・h，比计划超产 2 000 万 kW・h，利润总额完成 628 万元，比计划增盈 93 万元。

2007—2014 年兖矿集团济三电厂发电量、产值及用水量分别如图 5.33、图 5.34、图 5.35 所示。发电量由 157 975.9 万 kW・h 增长到 158 775 万 kW・h，平均值为 163 876.5 万 kW・h，标准差为 5 541 万 kW・h，上下波动幅度较大。产值由 42 094.8 万元增长到 52 833.8 万元，平均值为 52 380.4 万元，标准差为 6 693.7 万元，变化幅度较大，平均增长率为 3.3%。用水量由 522.5 万 m^3 增长到 512.4 万 m^3，平均值为 505.1 万 m^3，标准差 55.1 万 m^3，平均增长率为 1%。图 5.36 为 2007—2014 年兖矿集团济三电厂万元产值用水量与单位产品用水量，它们的变化趋势较为相近。万元产值用水量多年平均值为 98.5 m^3/万元，标准差为 19.5 m^3/万元，单位产品用水量的平均值为 30.9 m^3/(万 kW・h)，标准差为 3.9 m^3/(万 kW・h)。图 5.37 为 2007—2014 年兖矿集团济三电厂用水量与发电量、产值的散点图。表 5.15 为 2007—2014 年兖矿集团济三电厂用水量与发电量、产值的相关性分析。结果表明，用电量与发电量和产值之间的相关性不明显。在进行用水量的核查时，可以将多年平均用水量及单位产品用水量作为参考。

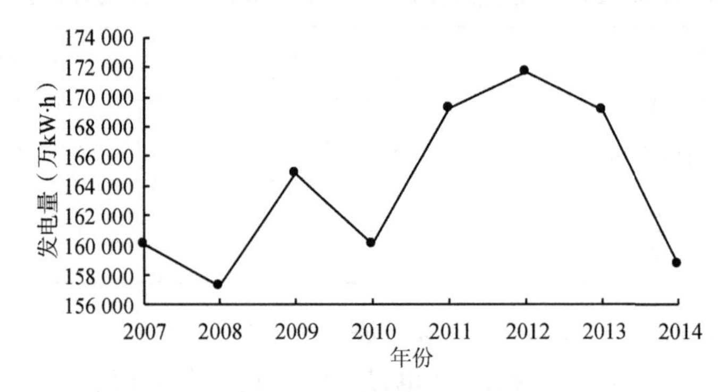

图 5.33　2007—2014 年兖矿集团济三电厂发电量

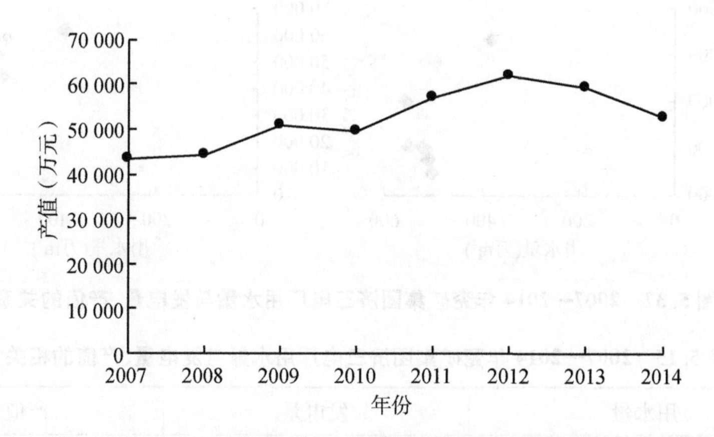

图 5.34　2007—2014 年兖矿集团济三电厂产值

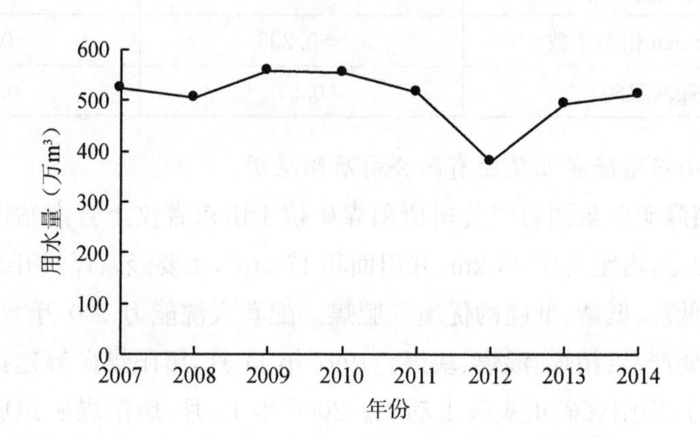

图 5.35　2007—2014 年兖矿集团济三电厂用水量

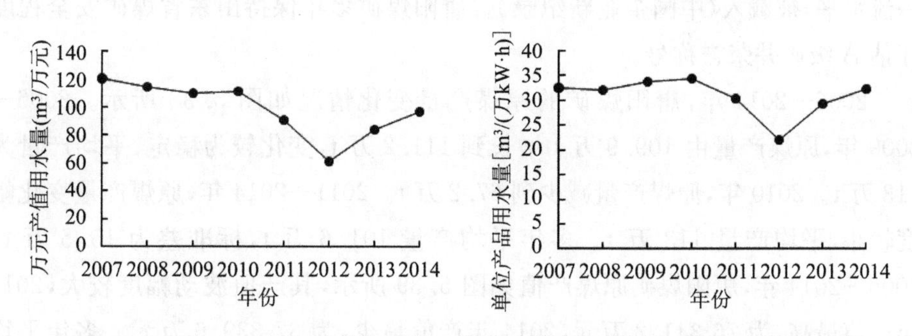

图 5.36　2007—2014 年兖矿集团济三电厂万元产值用水量与单位产品用水量

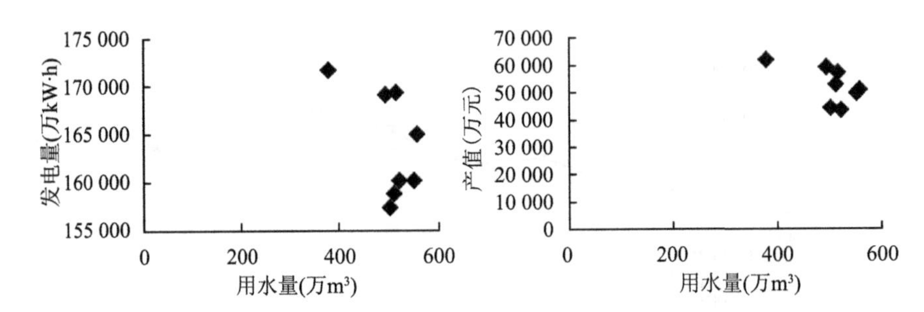

图 5.37　2007—2014 年兖矿集团济三电厂用水量与发电量、产值的关系

表 5.15　2007—2014 年兖矿集团济三电厂用水量与发电量、产值的相关性

用水量	发电量	产值
Pearson 相关系数	−0.557	−0.599
显著性(双侧)	0.152	0.117
Spearman 相关系数	−0.238	−0.595
Sig.(双侧)	0.57	0.12

5.2.3.3　山东裕隆矿业集团有限公司唐阳煤矿

山东裕隆矿业集团有限公司唐阳煤矿位于山东省汶上县南站镇境内，矿井西临 105 国道，南距济宁 25 km，井田面积 17 km^2，主要经营煤炭开采、经营及销售，煤质为低灰、低磷、低硫的优质气肥煤。配套入洗能力 120 万 t/年重介浮洗选煤厂，主要产品：精煤、混煤、块煤。1997 年 11 月，唐阳煤矿筹建指挥部成立，1998 年 7 月，唐阳煤矿正式破土动工。2000 年 12 月，唐阳煤矿建成投产，创出了仅用 28 个月、投资 2.2 亿元，建成 120 万 t 生产能力、吨煤投资 180 元等全国一流水平，被载入《中国企业新纪录》。唐阳煤矿多年保持山东省煤矿安全程度评估 A 级矿井荣誉称号。

2006—2014 年，唐阳煤矿的原煤产量变化情况如图 5.38 所示。2006—2009 年，原煤产量由 109.9 万 t 增长到 111.2 万 t，变化较为稳定，平均产量为 113 万 t。2010 年，原煤产量减少到 67.2 万 t。2011—2014 年，原煤产量变化幅度较小，平均产量 113 万 t。多年平均产量 101.6 万 t，标准差为 15.5 万 t。2006—2014 年，唐阳煤矿原煤产值如图 5.39 所示，其产值波动幅度较大，2011 年产值最高，为 76 341.2 万元，2014 年产值最少，为 37 339.6 万元。多年平均值为 56 765.4 万元，标准差 13 662.7 万元，平均增长率为 2.6%。2006—2014 年，唐阳煤矿用水量如图 5.40 所示，取水主要来自地下水。2006—2012 年，用水量持续增长，由 33.53 万 m^3 增长到 68.98 万 m^3。多年平均用水量 48.2 万 m^3，标准差为 12.6 万 m^3，年平均增长率为 4.5%。唐阳煤矿用电量如图 5.41 所示，用电量呈增长的趋势，由1 425.3 万 kW·h增长到2 097 万 kW·h。多年平均值为 1 843.2 万 kW·h，标准差为 323.5 万 kW·h，年平均增长率为 5.5%。

图 5.42 为 2006—2014 年唐阳煤矿万元产值用水量与单位产品用水量。万元产值用水量多年平均值为 8.7 m^3/万元，标准差为 2 m^3/万元。2011 年水利普查结果显示，一般用水工业大户的万元产值用水量为 7.36 m^3/万元，说明唐阳煤矿的万元产值用水量这一指标比较合理。单位产品用水量的平均值为 4 930.8 m^3/万t，标准差为 1 746.9 m^3/万 t。图 5.43 为 2006—2014 年唐阳煤矿用水量与原煤产量、产值的关系，图 5.44 为 2006—2014 年用水量与用电量、水资源费的关系图。表 5.16 为 2006—2014 年唐阳煤矿用水量与原煤产量、原煤产值、用电量及水资源费的相关性。相关性分析结果表明，唐阳煤矿用水量与用电量的相关性较强。在校核用水量时，可参考万元产值用水量，以用电量、水资源费作为辅助指标。

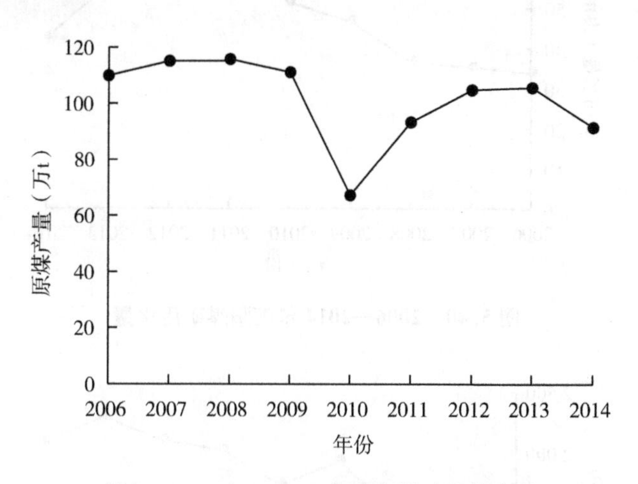

图 5.38　2006—2014 年唐阳煤矿原煤产量

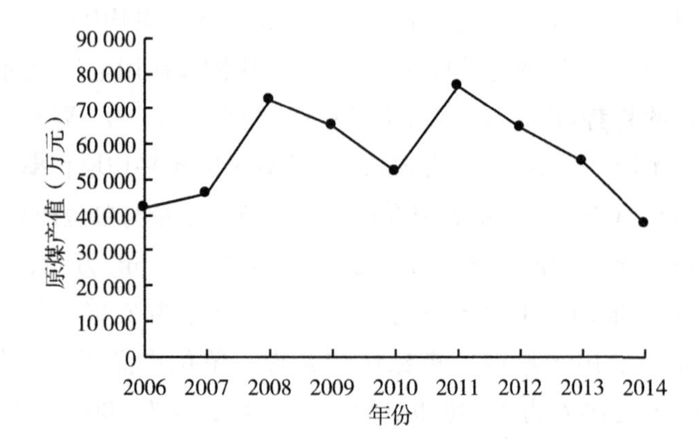

图 5.39　2006—2014 年唐阳煤矿原煤产值

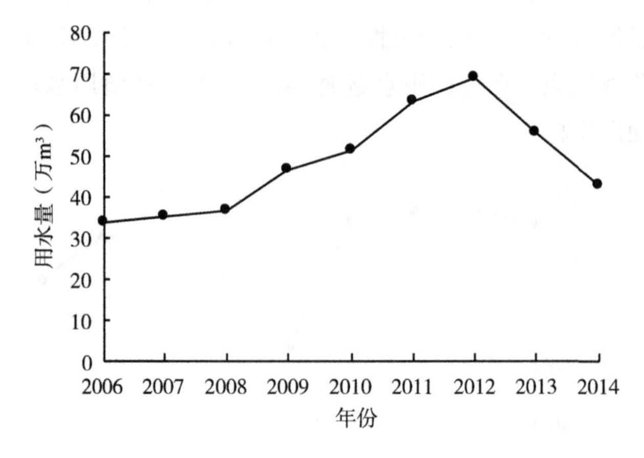

图 5.40　2006—2014 年唐阳煤矿用水量

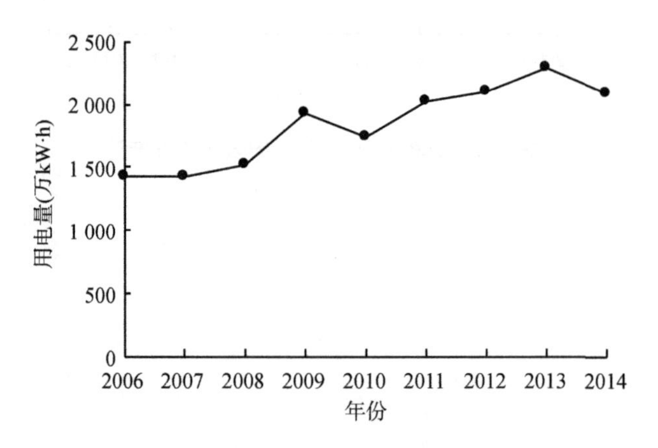

图 5.41　2006—2014 年唐阳煤矿用电量

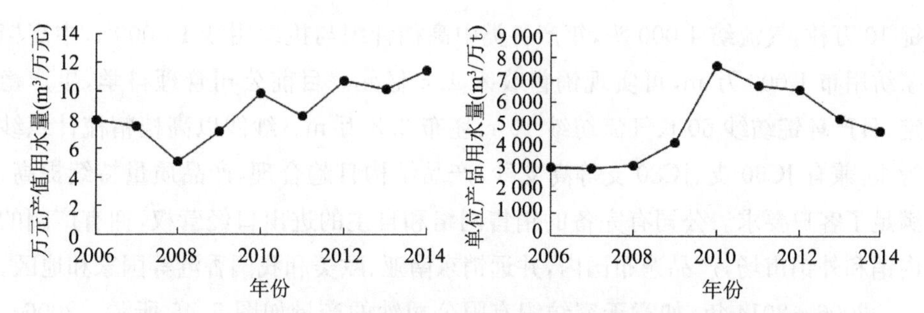

图5.42 2006—2014年唐阳煤矿万元产值用水量和单位产品用水量

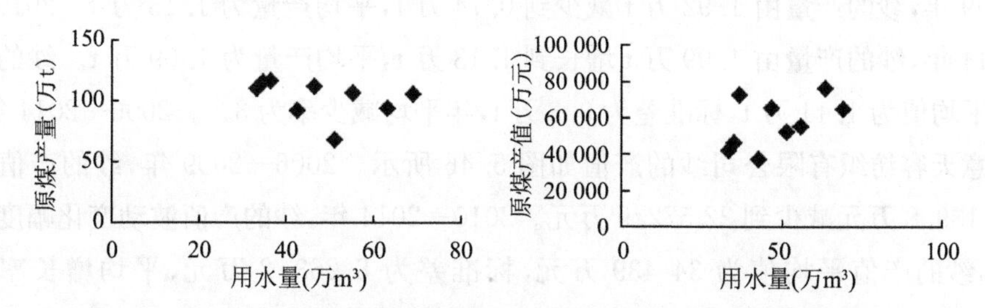

图5.43 2006—2014年唐阳煤矿用水量与原煤产量、产值的关系

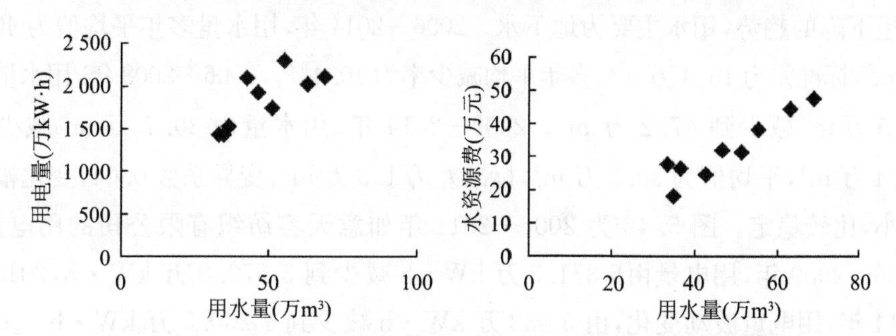

图5.44 2006—2014年唐阳煤矿用水量与用电量、水资源费的关系

表5.16 2006—2014年唐阳煤矿用水量与原煤产量、原煤产值、用电量及水资源费的相关性

用水量	原煤产量	原煤产值	用电量	水资源费
Pearson相关系数	−0.358	0.502	0.764*	0.938*
显著性(双侧)	0.345	0.169	0.017	0
Spearman相关系数	−0.533	0.517	0.817**	0.867**
Sig.(双侧)	0.139	0.154	0.007	0.002

5.2.3.4 汶上如意天容纺织有限公司

汶上如意天容纺织有限公司位于山东省济宁市汶上县经济开发区，拥有世界先进的津田驹喷气织机、意大利自动络筒机、气流纺机等900余台，总棉纺环

锭10万枚，气流纺4 000头，年产各类中高档针织与机织用纱15 000 t，中高档家纺用布1 000万m，可实现销售收入4.6亿元。目前公司管理科学，生产稳定，日产环锭纺纱60 t、气流纺纱10 t、坯布3.3万m。纱线以高档精梳针织纱为主，兼有JC60支、JC80支等高支纱，产品结构日趋合理，产品质量持续提高，满足了客户要求。公司有完备的销售网络和自主的进出口经营权，拥有广阔的内销和外销市场，产品遍布国内，并远销东南亚、欧美和我国香港等国家和地区。

2006—2014年，如意天容纺织有限公司纱的产量如图5.45所示。2006—2009年，纱的产量由1.92万t减少到0.74万t，平均产量为1.13万t。2010—2014年，纱的产量由1.09万t增长到1.13万t，平均产量为1.09万t。纱的产量平均值为1.11万t，标准差为0.3万t，年平均减少率为3%。2006—2014年，如意天容纺织有限公司纱的产值如图5.46所示。2006—2009年，纱的产值由41 139.8万元减少到22 572.9万元。2010—2014年，纱的产值波动变化幅度较大，纱的产值平均值为34 439万元，标准差为8 263.2万元，平均增长率为1.7%。图5.47为2006—2014年如意天容纺织有限公司的用水量，用水量整体上呈下降的趋势，用水主要为地下水。2006—2014年，用水量多年平均值为40.2万m^3，标准差为16.4万m^3，多年平均减少率为10.4%。2006—2008年，用水量由74.5万m^3减少到47.2万m^3。2009—2014年，用水量由30.7万m^3减少到28.4万m^3，平均值为30.3万m^3，标准差为1.3万m^3，变异系数0.04，变化幅度较小，比较稳定。图5.48为2006—2014年如意天容纺织有限公司的用电量，2006—2009年，用电量由6 371.3万kW·h减少到3 570.8万kW·h，2010—2014年，用电量波动变化，由5 032万kW·h减少到4 230.5万kW·h。多年平均用电量4 820.2万kW·h，标准差811.6万kW·h，年平均减少率3.1%。

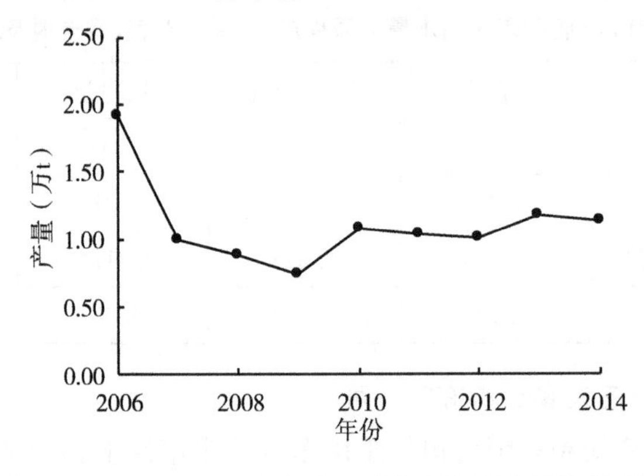

图5.45　2006—2014年如意天容纺织有限公司纱的产量

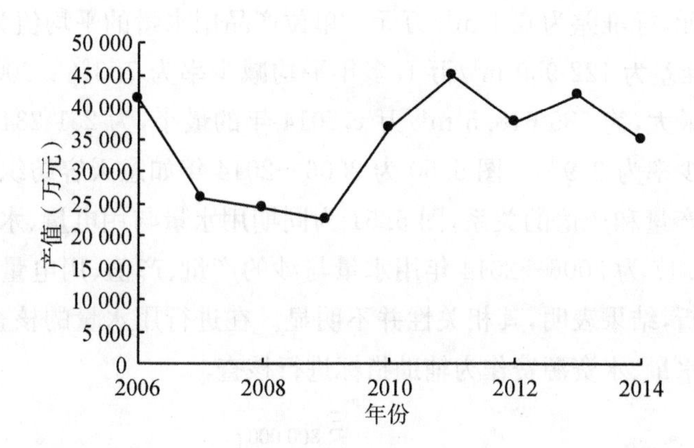

图 5.46 2006—2014 年如意天容纺织有限公司纱的产值

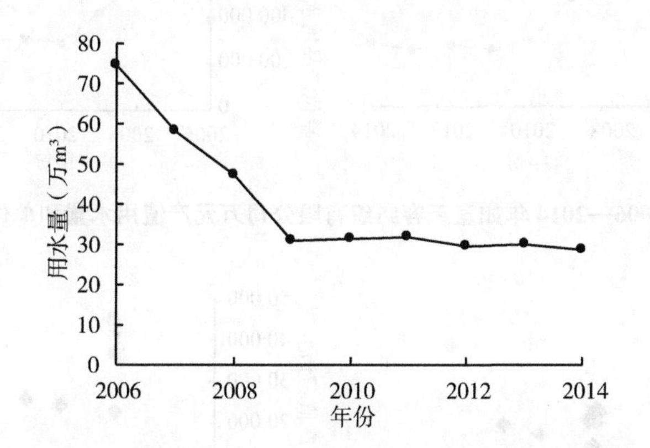

图 5.47 2006—2014 年如意天容纺织有限公司用水量

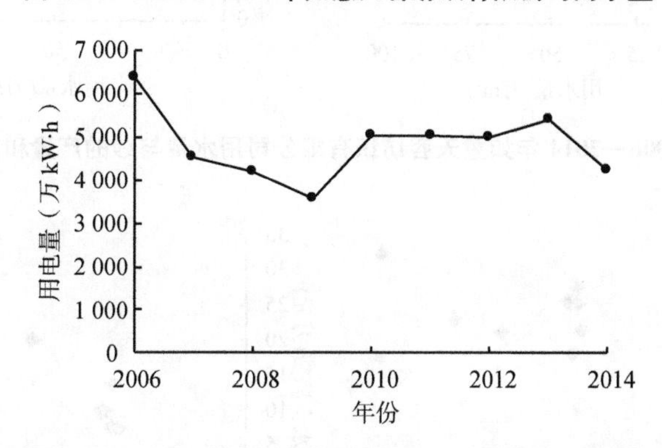

图 5.48 2006—2014 年如意天容纺织有限公司用电量

图 5.49 为 2006—2014 年如意天容纺织有限公司万元产值用水量和单位产品用水量。万元产值用水量由 18.1 m^3/万元减少到 8.1 m^3/万元，平均值为

12.5 m³/万元，标准差为 6.1 m³/万元。单位产品用水量的平均值为 368 361.2 m³/万 t，标准差为 122 959 m³/万 t，多年平均减少率为 7.3%。2007 年的单位产品用水量最大，为 585 618.5 m³/万 t，2014 年的最小，为 251 234.6 m³/万 t，多年平均减少率为 2.9%。图 5.50 为 2006—2014 年如意天容纺织有限公司用水量与纱的产量和产值的关系，图 5.51 为同期用水量与用电量、水资源费之间的关系，表 5.17 为 2006—2014 年用水量与纱的产量、产值、用电量及水资源费的相关性分析，结果表明，其相关性并不明显。在进行用水量的核查时，可以将多年平均用水量、水资源费作为辅助指标进行核查。

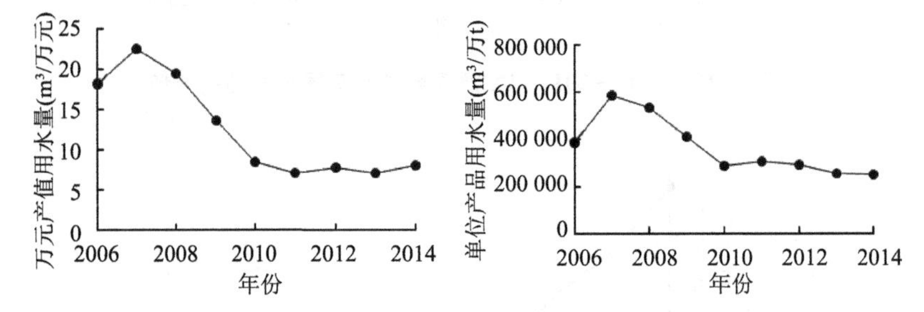

图 5.49　2006—2014 年如意天容纺织有限公司万元产值用水量和单位产品用水量

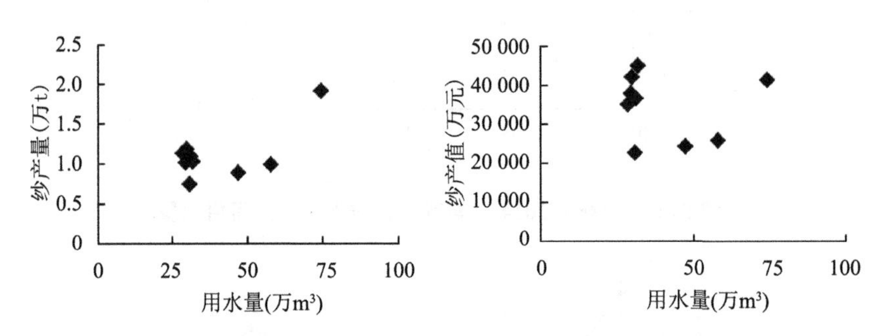

图 5.50　2006—2014 年如意天容纺织有限公司用水量与纱的产量和产值的关系

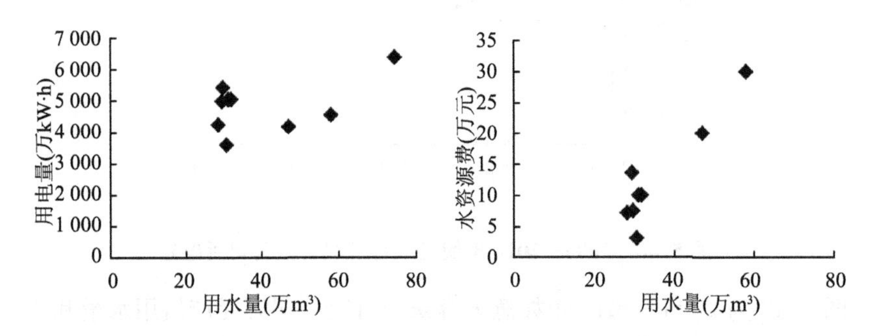

图 5.51　2006—2014 年如意天容纺织有限公司用水量与用电量、水资源费的关系

表 5.17 2006—2014 年用水量与纱的产量、产值、用电量及水资源费的相关性

用水量	纱产量	纱产值	用电量	水资源费
Pearson 相关系数	0.655	−0.101	0.48	0..932**
显著性(双侧)	0.056	0.795	0.191	0.001
Spearman 相关系数	−0.05	−0.017	0.25	0.659
Sig.(双侧)	0.898	0.966	0.516	0.076

5.2.3.5 山东荣信煤化有限责任公司

山东荣信煤化有限责任公司是一家大型现代化煤化工企业，于 2007 年 10 月成立，位于“孔孟之乡运河之都”的济宁市境内，坐落于孟子故里邹城市，是济宁市煤化工产业调整振兴规划中的重点及山东省化学工业调整振兴规划中的大型项目，由山东恒信集团和江苏沙钢集团合资建设。现已投资 45 亿元，形成了年产 240 万 t 焦炭、25 万 t 焦炉煤气制甲醇、11 万 t 煤焦油以及粗苯、硫酸铵、硫黄等多种煤化工产品的生产规模。2012 年以来，连续四年跻身中国民营企业 500 强、中国民营企业制造业 500 强和山东省民营企业 100 强。2014 年实现销售收入 115 亿元，完成利税 7 亿元，利税同比增长 8.5%。在整个焦化行业市场低迷，诸多焦化企业面临亏损、限产停产的形势下，保持了良好的经济增长态势。

山东荣信煤化有限责任公司遵循高起点、高标准、高质量、节能环保、技术领先的原则进行规划建设，在工艺、安全、环保、节能等方面，采用了大型装煤推焦二合一地面除尘站、清洁低水分熄焦、A/O 法废水处理等国内外多项先进的技术和设备，实现了炼焦配煤自动化、焦炉四大车的自动对位、炉号自动识别、推焦自动联锁等焦化自动化控制。甲醇采用国内先进的纯氧部分转化、低压合成、节能型的三塔精馏等技术，全厂实现了 DCS 自动控制。先进的技术、完善的设施、迅猛的建设发展速度，使之赢得了同行业的一致好评。

2012—2014 年，山东荣信煤化有限责任公司的焦炭及甲醇产量、产值、取水量如图 5.52、图 5.53、图 5.54 所示。图 5.55 为公司三年来的总产量和总产值，图 5.56 为同期总取水量和用电量。2013 年的产量和产值最低，2014 年的最高。焦炭和甲醇产量的变异系数分别为 0.16 和 0.33，总产量的变异系数是 0.17。焦炭和甲醇产值的变异系数分别为 0.26 和 0.33，总产值的变异系数是 0.27。焦炭的年平均产量约为甲醇产量的 20 倍，年平均产值约为甲醇产值的 10 倍。焦炭和甲醇取水量的变异系数分别为 0.31 和 0.38，总取水量的变异系数是 0.32，用电量的变异系数为 0.017。水资源费平均为 69.32 万元，变异系数为

0.11，变化幅度比较小。焦炭的取水量与产量、产值的 Pearson 相关系数分别为 0.609、0.933，相关性不是很强。甲醇的取水量与产量、产值的 Pearson 相关系数分别为 0.997*、0.997*，具有较强的相关性。表 5.18 是 2012—2014 年总用水量与总产量、总产值、用电量及水资源费的相关性分析。分析结果表明，山东荣信煤化有限责任公司的总用水量与总产量、总产值和水资源费的相关性极强。因此，在用水量核算时，可以考虑产品的产量、产值及水资源费这三个指标进行核算。

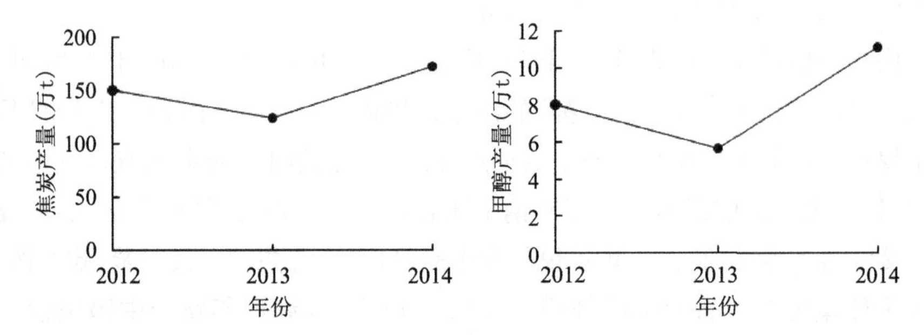

图 5.52　2012—2014 年山东荣信煤化有限责任公司的焦炭、甲醇产量

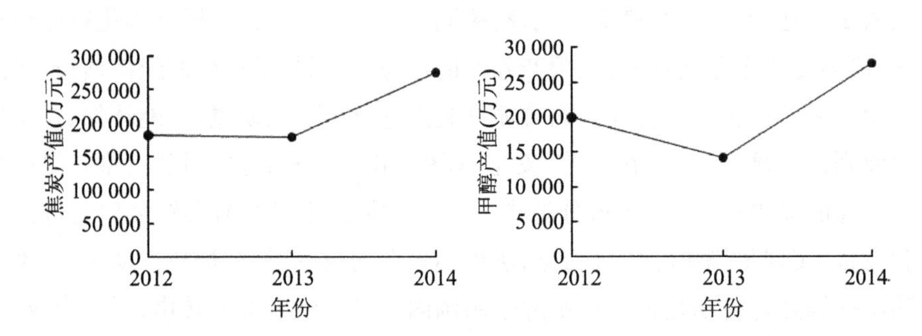

图 5.53　2012—2014 年山东荣信煤化有限责任公司的焦炭、甲醇产值

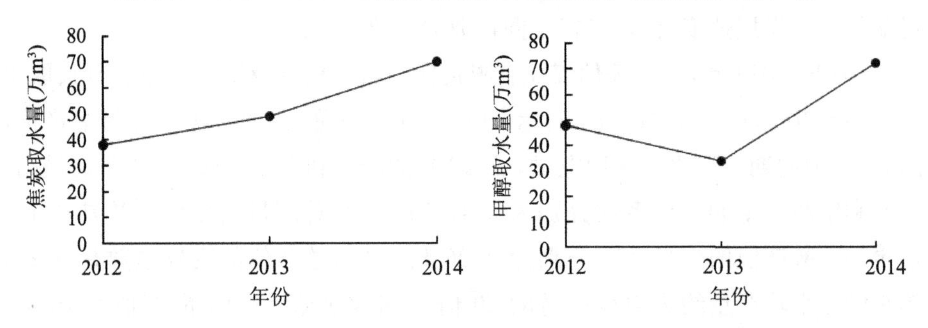

图 5.54　2012—2014 年山东荣信煤化有限责任公司的焦炭、甲醇取水量

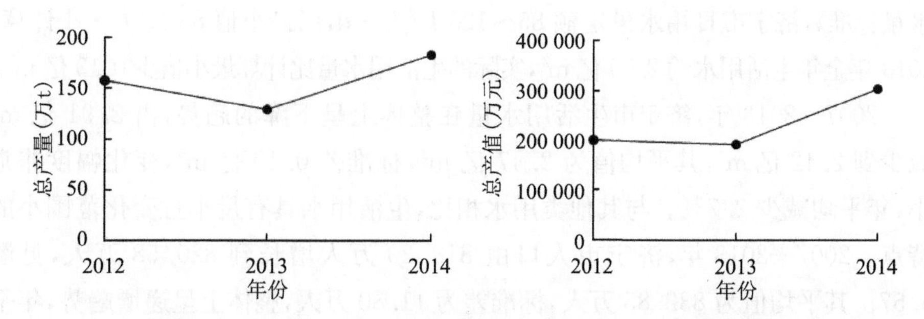

图 5.55　2012—2014 年山东荣信煤化有限责任公司总产量与总产值

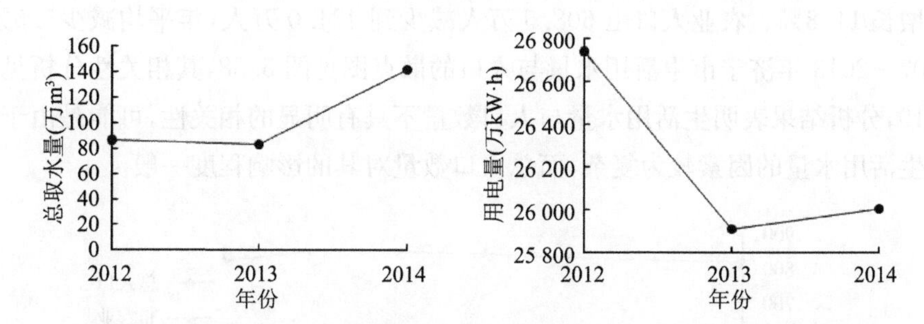

图 5.56　2012—2014 年山东荣信煤化有限责任公司总取水量与用电量

表 5.18　2012—2014 年总用水量与总产量、总产值、用电量及水资源费的相关性

总用水量	总产量	总产值	用电量	水资源费
Pearson 相关系数	0.872	1.000*	−0.36	0.803
显著性(双侧)	0.326	0.015	0.765	0.406
Spearman 相关系数	1.000*	1.000**	0.5	1.000*
Sig.(双侧)	—	—	0.667	—

5.3　济宁市生活用水与生态用水规律研究

5.3.1　生活用水特征分析

生活用水包括公共服务用水和居民家庭用水。公共服务用水指为城市社会公共生活服务的用水,包括行政事业单位、部队营区和公共设施服务、社会服务业、批发零售贸易业、旅馆饮食业及其他公共服务业等单位用水。居民家庭用水指城市范围内所有居民家庭的日常生活用水,包括城市居民、农民家庭、公共供水站用水。根据《城市居民生活用水量标准》(GB/T 50331—2002)及《山东省城市生活用水量标准》,济宁市日用水量定额 85～120 L/人·d,以最小值 85 L/人·d 计算,2013 年全年生活用水约 2.55 亿 m³,实际的生活用水量比计算最小值少 0.13 亿 m³。

2007—2013 年,济宁市生活用水量在整体上呈下降的趋势,由 2.91 亿 m³ 减少到 2.42 亿 m³,其平均值为 2.47 亿 m³,标准差 0.19 亿 m³,变化幅度非常小,年平均减少 2.7%。与其他类用水相比,生活用水具有量小且变化范围小的特点。2007—2013 年,济宁市人口由 818.20 万人增长到 820.58 万人,见图 5.57。其平均值为 832.85 万人,标准差为 11.80 万人,整体上呈递增趋势,年平均增长率为 0.06%。其中,非农业人口由 209.7 万人增长到 396.6 万人,年平均增长 11.8%。农业人口由 608.5 万人减少到 424.0 万人,年平均减少5.5%。2007—2013 年济宁市生活用水量与人口的散点图见图 5.58,其相关性分析见表 5.19,分析结果表明生活用水量与人口数量不具有明显的相关性,可能是由于影响生活用水量的因素较为复杂,而总人口数量对其的影响程度一般。

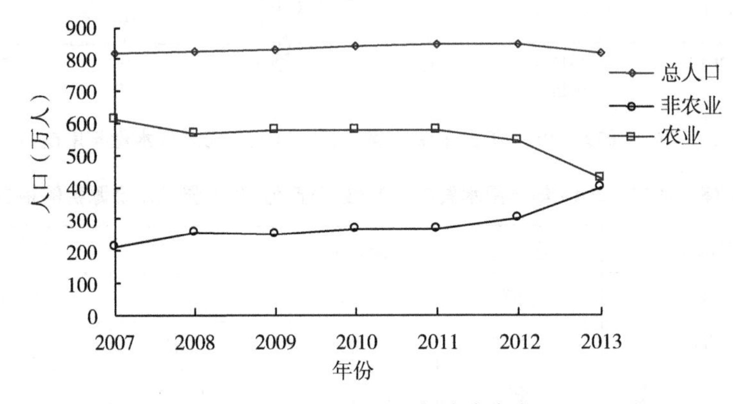

图 5.57　2007—2013 年济宁市人口

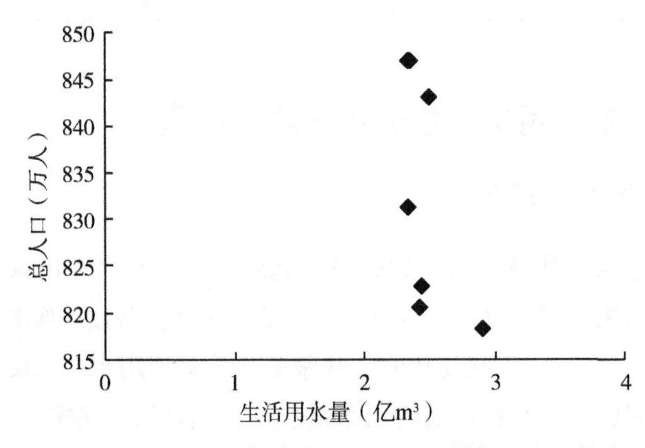

图 5.58　2007—2013 年济宁市生活用水量与总人口的关系

生活饮用水是人类生存不可缺少的要素，与人们的日常生活密切相关。生活饮用水是指人类饮用和日常生活用水，包括个人卫生用水，但不包括水生物用水以及特殊用途的水。生活在城市里的居民，其生活饮用水是由自来水公司集中供给的。2007—2013 年，济宁市自来水生产量如图 5.59 所示，整体上呈增长的趋势，由 3 600 万 m^3 增长到 7 112 万 m^3。2010 年，济宁市自来水生产量最大，为 8 200 万 m^3，主要是由于 2010 年下半年济宁大旱，为满足城镇人口对生活用水的需求，增加自来水生产量。但生活用水量与自来水生产量的相关性并不明显，见图 5.60 和表 5.19，可能是由于在乡镇等地，居民通过打井开采地下水的方式获取生活用水。

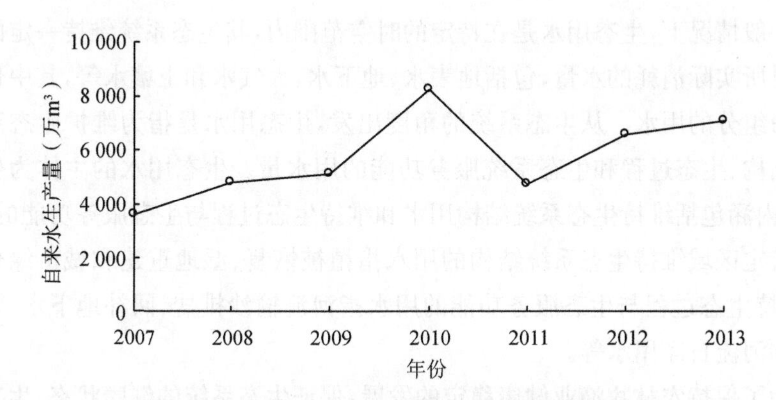

图 5.59　2007—2013 年济宁市自来水生产量

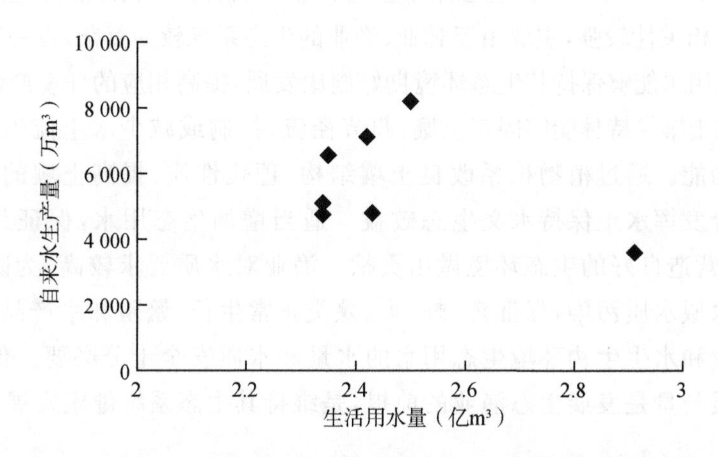

图 5.60　2007—2013 年济宁市生活用水量与自来水生产量的关系

表 5.19 济宁市生活用水量与人口及自来水生产量相关性

生活用水量	总人口	非农业人口	农业人口	自来水生产量
Pearson 相关系数	−0.546	−0.474	0.346	−0.403
显著性(双侧)	0.205	0.282	0.447	0.37
Spearman 相关系数	−0.577	−0.342	0.09	0
Sig.(双侧)	0.175	0.452	0.848	1

5.3.2 生态用水特征分析

一般情况下,生态用水是在特定的时空范围内,其生态系统维持一定的稳定状态时所实际消耗的水量,包括地表水、地下水、大气水和土壤水等,其中包含了无生命组分的用水。从生态系统的角度出发,生态用水是指为维护生态系统的特定结构、生态过程和生态系统服务功能的用水量。生态用水的主体为生态系统,其内涵包括维持生态系统结构用水和维持生态过程与生态服务功能的用水。针对特定区域维持生态系统结构的用水指植被恢复、湿地重建和城市绿化用水等;维持生态过程与生态服务功能的用水指河流输沙排盐、回补地下水、污染物稀释和河流自净用水等。

为了保持农林牧渔业健康稳定的发展,保证生态系统的健康状态,生态用水量应达到相应的要求。济宁市生态用水量与农林牧渔业产值的相关性分析见表5.20、图5.61和图5.62。生态用水量与林业、渔业、农林牧渔服务业的产值呈正相关且相关性较强,主要由于林业、渔业的生态系统较为复杂,在一定范围内增加生态用水能够保持其生态环境良好健康发展,提高相应的环境产值和实物产值。如土壤保持林能够固定土壤,调节径流,控制或减少水土流失,有涵养水源的功能。通过植物根系改良土壤结构、理化性质,提高土壤的抗蚀力,从而综合发挥水土保持水文生态效益。适当增加生态用水,保证其健康生长,可为营造良好的生态环境做出贡献。渔业对水质要求较高,为防止和控制渔业水域水质污染,保证鱼、虾、贝、藻类正常生长、繁殖和水产品的质量,确保渔业和水生生物环境生态用水的水量和水质安全十分必要。保证生态用水的质与量是发展生态渔业的前提,是维持其生态系统健康发展的保障。

表 5.20 济宁市生态用水量与农林牧渔业产值相关性分析

产值	农林牧渔业	农业	林业	畜牧业	渔业	农林牧渔服务业
Pearson 相关系数	0.737	0.705	0.793*	0.745	0.771*	0.767*
显著性(双侧)	0.059	0.077	0.033	0.054	0.043	0.044
Spearman 相关系数	0.643	0.643	0.679	0.643	0.643	0.643
Sig.(双侧)	0.119	0.119	0.094	0.119	0.119	0.119

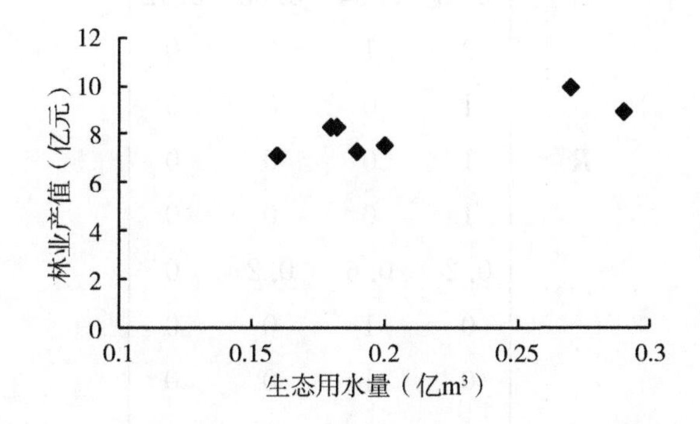

图 5.61 2007—2013 年济宁市生态用水量与林业产值的关系

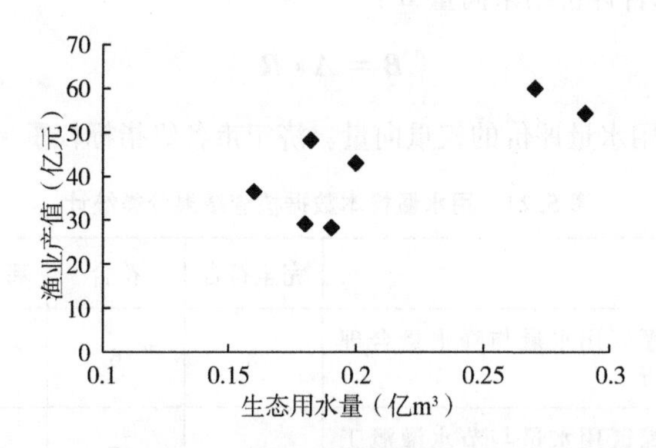

图 5.62 2007—2013 年济宁市生态用水量与渔业产值的关系

5.4 济宁市用水总量数据质量评价

通过以上具体分析，对灌区核查样本、企业核查样本两类样本用水量数据，依据样本数据核查方法，逐一判断各样本数据对各项核查标准的符合程度。用水量样本数据核查结果分类统计见表 5.21。由于本次核查中未对河湖补水量的数据进行整理，所以暂不考虑河湖补水量的核算。

对于用水总量等非核查样本数据，依据数据核查方法，逐一判断各类数据对各项核查标准的符合程度，用水量数据核查结果分类统计见表 5.22。根据表 5.22 的统计结果，建立模糊关系矩阵 $\boldsymbol{R}$：

$$\boldsymbol{R}=\begin{bmatrix} 1 & 0 & 0 & 0 \\ 1 & 0 & 0 & 0 \\ 0.16 & 0.34 & 0.38 & 0.12 \\ 0 & 1 & 0 & 0 \\ 1 & 0 & 0 & 0 \\ 1 & 0 & 0 & 0 \\ 1 & 0 & 0 & 0 \\ 0.2 & 0.6 & 0.2 & 0 \\ 0 & 1 & 0 & 0 \\ 0 & 1 & 0 & 0 \\ 0 & 0 & 1 & 0 \end{bmatrix}$$

计算模糊综合评价结果向量 $\boldsymbol{B}$：

$$\boldsymbol{B}=\boldsymbol{A}\cdot\boldsymbol{R}$$

其中，$\boldsymbol{A}$ 为用水量评价的权重向量。济宁市各级指标权重见表 5.23。

表 5.21　用水量样本数据核查结果分类统计

		完全符合	符合	基本符合	不符合
样本灌区用水量合理性	样本灌区用水量与降水量合理性分析	3	6	7	4
	样本灌区用水量与节水灌溉工程面积合理性分析	4	7	9	0
	样本灌区用水量与作物产量合理性分析	3	7	8	2
	样本井灌区用水量与地下水水位合理性分析	1	3	2	2
合计		11	23	26	8

续 表

		完全符合	符合	基本符合	不符合
样本企业用水量合理性	样本企业产品产量与用水量合理性分析	1	3	1	0
	样本企业产值与用水量合理性分析	1	3	1	0
合计		2	6	2	0

表 5.22 用水量数据核查结果分类统计

			完全符合	符合	基本符合	不符合
农业用水	灌溉用水	样本选取的合理性	100			
		基本数据的逻辑关系	100			
		样本灌区用水量合理性	16	34	38	12
		区域灌溉用水总量合理性		100		
	鱼塘畜禽用水	鱼塘畜禽用水量合理性	100			
工业用水		样本选取的合理性	100			
		基本数据的逻辑关系	100			
		样本企业用水量合理性	20	60	20	
		区域工业用水总量合理性		100		
生活用水		生活用水量合理性		100		
生态用水	城镇环境用水	城镇环境用水量合理性			100	

表 5.23 济宁市用水量数据质量模糊评价指标权重

名称	权重	名称	权重	名称	单权重
农业用水量	0.802	灌溉用水	0.90	样本选取的合理性	0.262
				基本数据的逻辑关系	0.118
				样本灌区用水量合理性	0.453
				区域灌溉用水总量合理性	0.167
		鱼塘畜禽用水	0.10	鱼塘畜禽用水量合理性	1.000

续 表

名称	权重	名称	权重	名称	单权重
工业用水量	0.092	工业用水	1	样本选取的合理性	0.262
				基本数据的逻辑关系	0.118
				样本企业用水量合理性	0.453
				区域工业用水总量合理性	0.167
生活用水量	0.098	生活用水	1	生活用水量合理性	1.000
生态用水量	0.008	生态用水	1	城镇环境用水量合理性	1.000

最后得到 $\boldsymbol{B}=[0.449\quad 0.371\quad 0.141\quad 0.039]$。从模糊综合评价结果向量 $\boldsymbol{B}$ 中选取最大隶属度，对用水量数据质量进行等级判断，济宁市用水量的数据质量等级为优秀。

5.5 小结

现有条件下，用于支撑考核工作的监测、统计技术体系尚不完善，特别是针对用水量的校核技术方法缺乏统一要求，由此导致统计上报数据难以核查，对考核数据认定无法达成共识，考核结果说服力不强，无法发挥应有的效果。本次研究主要针对用水量指标的校核技术方法展开研究，在调研国内外相关文献及资料基础上，建立用水量数据质量评价指标体系，并提出了用水量校核对象的抽样程序，以济宁市为例进行了评价应用。总体来看，济宁市用水量数据质量为优秀。

第6章 用水量抽查校核系统设计

6.1 设计概述

6.1.1 需求概述

设计、开发用水量抽查校核系统是为最严格水资源管理制度考核指标核查提供有效的工具，以提高校核效率，保证校核质量，确保水资源管理制度考核成果科学可靠。

该系统的服务对象为水利部、流域机构、各省级水行政主管部门负责和参与最严格水资源管理制度考核工作的相关领导和工作人员。

该系统主要满足五个方面的功能需求，即数据管理、业务管理、专家管理、文献管理、系统管理。

(1) 数据管理

数据管理主要是满足考核相关数据的录入、存储、查询、汇总、整理、常规分析、报表等。

(2) 业务管理

业务管理主要是实现用水总量校核，为最严格水资源管理制度考核指标核查工作提供技术支持。

(3) 专家管理

专家管理主要是维护考核工作专家信息，记录分析专家咨询的情况等。

(4) 文献管理

文献管理主要是提供考核相关政府文件、规定、标准的查询与解读，提供校核方法的理论解释。

(5) 系统管理

系统管理主要包括系统基础信息管理、用户管理、数据字典管理、系统信息管理、系统帮助等。

6.1.2 运行环境

(1) 服务器端

操作系统:最低要求 Windows 7 Professional 简体中文版。

浏览器:IE8.0 以上。

CPU:最低要求 Intel® Core™ i5 3.20Hz。

内存:最低要求 2GB。

硬盘:最低 1TB。

(2) 客户端

操作系统:最低要求 Windows 7 Professional 简体中文版。

浏览器:IE8.0 以上。

CPU:最低要求 Intel® Core™ i5 3.20Hz。

内存:最低要求 2GB。

硬盘:最低 500GB。

6.2 详细需求分析

6.2.1 功能需求分析

(1) 服务对象

本系统的服务对象为水利部、流域机构、各省级水行政主管部门负责和参与最严格水资源管理制度考核工作的有关领导和工作人员。

系统服务对象的业务权限和工作需求是设定不同服务对象的系统使用权限的依据。系统的使用者仅能在自己权限内进行填报、修改、查询、分析等操作。

(2) 数据管理

数据管理主要是满足考核相关数据的录入、存储、查询、汇总、整理、常规分析、报表等。

数据的录入应以准确、便捷为原则。系统应与 Excel 等常用办公数据处理软件相兼容,并具备一定的批处理和自动查错功能。

数据的存储应以高效、安全、稳定为原则,并应与相关数据库系统相适应,以便与相关系统共享数据资源。

数据的查询、汇总、整理、常规分析、报表等处理应与系统使用者的业务工作紧密结合,以方便用户为原则,尽量依照用户的业务需求、惯例、使用习惯等进行设计。

(3) 业务管理

业务管理主要是实现用水总量校核,为最严格水资源管理制度考核指标核查工作提供技术支持。

校核算法是实现本系统业务功能的核心。应严格按照各算法的理论依据设计并优化后台计算程序,使用多个经典算例验证其有效性,确保校核结果正确。同时应为算法的增加、更新、升级做好准备,以便在后续的使用过程中根据需要调整校核功能的核心算法。

校核成果展示与输出是为方便使用者展示校核成果,并形成相应的报告文档。校核成果的展示形式包括数据表、图(柱状图、饼图、地理分布图)、简易文字说明。其中表与图的展示形式应具有一定的灵活性,以便使用者根据自身的需要调整展示形式。

随着考核工作的推进,考核指标、方法可能会有更新,因此校核系统应考虑扩展业务功能的可能性,为增加业务功能做好准备工作。

(4) 专家管理

专家管理主要是维护考核工作专家信息,记录分析专家咨询的情况等。

本系统拟建立专家库,以便在需要开展专家咨询时,选择合适的专家。专家管理功能包括专家信息管理、专家查询、专家意见记录等。也可与其他相关系统共享专家库。

(5) 文献管理

文献管理主要是提供考核相关政府文件、规定、标准的查询与解读,提供校核方法的理论解释。

(6) 系统管理

系统管理主要包括系统基础信息管理、用户管理、数据字典管理、系统信息管理、系统帮助等。

6.2.2 性能需求分析

系统实用性——系统必须符合校核工作的特点和业务要求,界面友好简洁,操作简单方便,信息展示形象直观,使系统具有很强的实用性。

系统高效性——系统在正常情况和极限负载条件下,能够处理不断增加的访问请求,要求在一定资源的条件下,选择合理的设计方案,设计较优的算法,力求响应速度快捷,具体有良好的响应性能,以满足用户的要求。

可使用性——操作界面简单明了,易于操作,可验证数据类型,具有错误提醒机制,能提示用户进行正确操作。

安全保密性——仅合法用户可登录使用系统,依据用户的业务范围设定不同的用户权限,对登录名、密码和重要数据信息进行加密,保证账号信息安全。

系统可靠性——系统必须具有稳定可靠的性能,确保各系统能够经受长期的运行考验,保证信息采集、传输、存储和查询的正确性与完整性,且应有较好的检错能力,在错误干扰后有重新启动的能力。

可维护性——采用记录日志,用于记录用户的操作和故障信息,系统整体结构清晰,各功能模块应相对独立,便于维护与升级。

系统可扩展性——充分利用水利行业和信息行业的各种标准和规范,其数据库、报表等内容和格式必须与国家制定的规范保持一致。为与考核工作的进展相适应,满足考核工作新需求,要求系统要具有较好的可扩展性。

6.3 总体设计

6.3.1 基本设计概念和处理流程

为便于考核工作相关人员的使用,本系统选择 B/S 架构作为系统开发模式。B/S 架构(Browser/Server,浏览器/服务器模式,见图 6.1)是 Web 兴起后的一种网络结构模式,Web 浏览器是客户端最主要的应用软件。这种模式统一了客户端,将系统功能实现的核心部分集中到服务器上,简化了系统的开发、维护和使用。客户机只需安装一个浏览器,服务器安装数据库。浏览器通过 Web Server 同数据库进行数据交互。

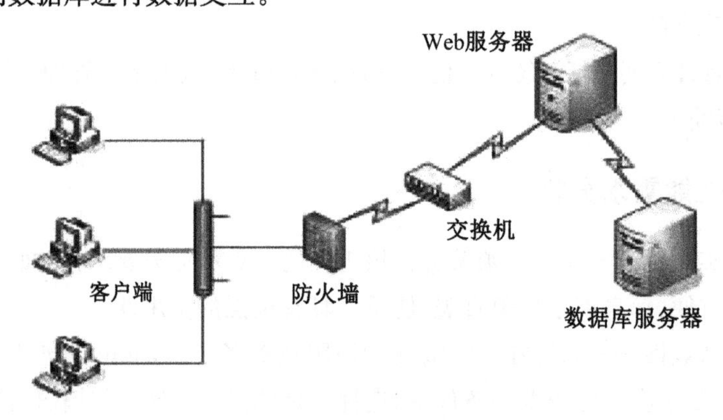

图 6.1 B/S 架构示意图

服务器安装 Oracle 数据库，用户界面完全通过浏览器实现，一部分事务逻辑在前端实现，但是主要事务逻辑在服务器端实现。浏览器通过 Web Server 同数据库进行数据交互。

本系统选择 Tomcat 作为 Web 应用服务器。Tomcat 服务器是一个免费的开放源代码的 Web 应用服务器，其技术先进、性能稳定，运行时占用的系统资源小，扩展性好，支持负载平衡与邮件服务等开发应用系统常用的功能，在中小型系统和并发访问用户不是很多的情况下被普遍使用。

根据需求分析的成果，本系统的功能主要满足五个方面的需求，即数据管理、业务管理、专家管理、文献管理、系统管理。系统的业务流程如图 6.2 所示。

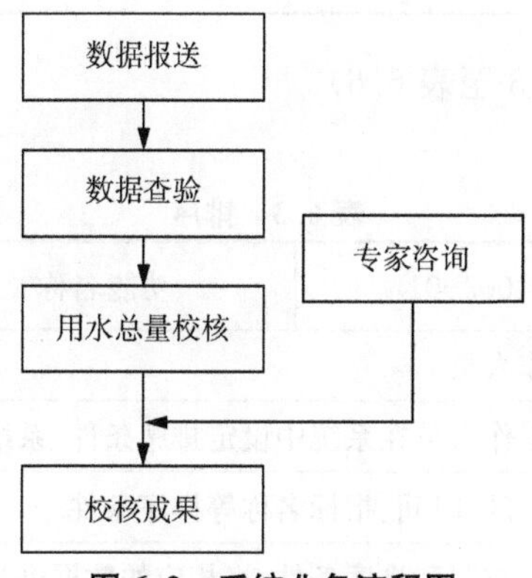

图 6.2 系统业务流程图

6.3.2 功能设计

1）数据管理功能设计

数据管理的主要功能设计如下。

(1) 数据录入(表 6.1)

表 6.1 数据录入

功能编号	J01001	功能名称	数据录入
使用角色	校核工作人员		
功能描述	由校核工作人员将校核所需数据、经济社会基础数据等相关数据输入至系统中		
输　　入	校核数据、Excel 或 TXT 文件		
处　　理	根据使用权限，向数据库中增加、修改或删除数据		
输　　出	数据输入、修改、删除成功的提示，或出错提示		
接口说明			

(2) 查询(表 6.2)

表 6.2　数据查询

功能编号	J01002	功能名称	数据查询
使用角色	校核工作人员		
功能描述	由校核工作人员在系统中查询所需数据		
输　　入	输入行政区、时间、指标名称等查询条件		
处　　理	根据使用权限和查询条件,在数据库中查找对应的数据		
输　　出	数据查询结果,或出错提示		
接口说明			

(3) 常规分析(表 6.3 至表 6.6)

① 排序

表 6.3　排序

功能编号	J01003-01	功能名称	排序
使用角色	校核工作人员		
功能描述	由校核工作人员在系统中设定排序条件,系统给出排序结果		
输　　入	输入行政区、时间、指标名称等排序条件		
处　　理	根据使用权限和排序条件,将相应的数据进行排序		
输　　出	数据排序结果,或出错提示		
接口说明			

② 统计特征值计算

表 6.4　统计特征值计算

功能编号	J01003-02	功能名称	统计特征值计算
使用角色	校核工作人员		
功能描述	由校核工作人员选定计算范围和所需特征值,系统给出计算结果		
输　　入	输入行政区、时间、指标名称、特征值名称等计算条件		
处　　理	根据使用权限和条件,计算相应的统计特征值,如均值、方差等		
输　　出	数据计算结果,或出错提示		
接口说明			

③ 趋势性分析

表 6.5 趋势性分析

功能编号	J01003-03	功能名称	趋势性分析
使用角色	校核工作人员		
功能描述	由校核工作人员选定数据范围，系统给出分析结果		
输　　入	输入行政区、时间、指标名称等条件		
处　　理	根据使用权限和条件，系统对选定的数据做趋势性分析		
输　　出	数据分析结果，或出错提示		
接口说明			

④ 对比分析

表 6.6 对比分析

功能编号	J01003-04	功能名称	对比分析
使用角色	校核工作人员		
功能描述	由校核工作人员选定数据范围，系统给出分析结果		
输　　入	输入行政区、时间、指标名称等条件		
处　　理	根据使用权限和条件，系统对选定的数据做对比分析		
输　　出	数据分析结果，或出错提示		
接口说明			

(4) 报表输出(表 6.7)

表 6.7 报表输出

功能编号	J01004	功能名称	报表输出
使用角色	校核工作人员		
功能描述	由校核工作人员选定数据范围和报表内容，系统给出相应报表		
输　　入	输入行政区、时间、指标名称、报表类型等条件		
处　　理	根据使用权限和条件，系统生成相应的报表		
输　　出	数据报表、Excel 表，或出错提示		
接口说明			

(5) 自动查错(表 6.8)

表 6.8　自动查错

功能编号	J01005	功能名称	自动查错
使用角色	校核工作人员		
功能描述	由校核工作人员设定查错标准,在数据录入时系统自动查错		
输　　入	输入行政区、时间、指标值等数据的查错条件		
处　　理	根据使用权限和条件,系统自行对录入数据进行查错		
输　　出	出错提示及错误报告 TXT 文件		
接口说明			

2) 业务管理功能设计

(1) 用水量校核(表 6.9)

表 6.9　用水量校核

功能编号	J02001	功能名称	用水量校核
使用角色	校核工作人员		
功能描述	由校核工作人员设定校核方法与参数,系统给出校核成果		
输　　入	输入行政区、时间、指标、校核方法、参数等条件		
处　　理	根据使用权限和条件,系统自行对所选数据进行校核		
输　　出	校核成果,或出错提示		
接口说明			

(2) 专家审查(表 6.10 至表 6.11)

① 专家选择

表 6.10　专家选择

功能编号	J02002-01	功能名称	专家选择
使用角色	校核工作人员		
功能描述	由校核工作人员确定专家选择条件,系统从专家库中选择相应的专家		
输　　入	输入专家专业、年龄、职称、地域、经验资历等条件,或随机选择		
处　　理	根据条件,确定评审专家		
输　　出	专家姓名与联系方式,或出错提示		
接口说明			

② 成果审查

表 6.11　成果审查

功能编号	J02002-02	功能名称	成果审查
使用角色	参与校核工作的专家和工作人员		
功能描述	由专家对校核成果进行网上审查并提出意见，最终确定校核成果		
输　　入	输入校核工作信息（行政区、指标等）、专家姓名等条件		
处　　理	根据使用权限和条件，将初步成果提交专家，并由专家审查、提出意见，最终确定校核成果		
输　　出	专家意见、校核成果，或出错提示		
接口说明			

(3) 校核成果输出（表 6.12 至表 6.15）

① 数据表输出

表 6.12　数据表输出

功能编号	J02003-1	功能名称	数据表输出
使用角色	校核工作人员		
功能描述	由校核工作人员选择校核成果与数据表形式，系统输出成果		
输　　入	输入行政区、时间、指标、校核成果、数据表形式等条件		
处　　理	根据使用权限和条件，系统输出数据表		
输　　出	校核成果展示，输出 PDF、Excel，或出错提示		
接口说明			

② 统计图形输出

表 6.13　统计图形输出

功能编号	J02003-2	功能名称	统计图形输出
使用角色	校核工作人员		
功能描述	由校核工作人员选择校核成果与统计图形形式，系统输出成果		
输　　入	输入行政区、时间、指标、校核成果、统计图形形式等条件		
处　　理	根据使用权限和条件，系统输出统计图形		
输　　出	校核成果展示，输出 PDF、Excel、JPG，或出错提示		
接口说明			

③ 空间图形输出

表 6.14 空间图形输出

功能编号	J02003-3	功能名称	空间图形输出
使用角色	校核工作人员		
功能描述	由校核工作人员选择校核成果与空间图形形式，系统输出成果		
输　　入	输入行政区、时间、指标、校核成果、空间图形形式等条件		
处　　理	根据使用权限和条件，系统输出空间图形		
输　　出	校核空间成果展示，输出 PDF、GIS、JPG，或出错提示		
接口说明			

④ 文字说明输出

表 6.15 文字说明输出

功能编号	J02003-4	功能名称	文字说明输出
使用角色	校核工作人员		
功能描述	由校核工作人员选择校核成果，系统输出相关文字说明		
输　　入	输入行政区、时间、指标、校核成果等条件		
处　　理	根据使用权限和条件，系统输出文字说明		
输　　出	校核空间成果展示，输出 PDF、TXT、Word，或出错提示		
接口说明			

3) 专家管理功能设计

(1) 专家基本信息管理(表 6.16)

表 6.16 专家基本信息管理

功能编号	J03001	功能名称	专家基本信息管理
使用角色	校核工作人员、系统管理员		
功能描述	由校核工作人员输入、修改、删除专家信息，专家信息的修改需由系统管理员最终确定		
输　　入	输入专家姓名、年龄、职称、专业等		
处　　理	根据使用权限和条件，输入、修改、删除、查询专家信息		
输　　出	专家信息，或出错提示		
接口说明			

(2) 专家咨询记录管理(表6.17)

表6.17 专家咨询记录管理

功能编号	J03002	功能名称	专家咨询记录管理
使用角色	校核工作人员、系统管理员		
功能描述	由校核工作人员输入、修改、删除专家咨询记录信息,专家咨询记录的修改需由系统管理员最终确定		
输　入	输入专家姓名、参评工作、提出意见、意见的采纳情况等		
处　理	记录各专家参评工作、提出意见、意见的采纳情况等		
输　出	专家咨询记录,或出错提示		
接口说明			

(3) 专家聚类管理(表6.18)

表6.18 专家聚类管理

功能编号	J03003	功能名称	专家聚类管理
使用角色	校核工作人员		
功能描述	由校核工作人员确定专家姓名、职称、经验、专业、意见采纳情况等条件和聚类方法,系统利用聚类分析对专家进行分类,以便分析专家的业务强项、意见适用性等,有利于针对不同评审工作,选择合适的专家		
输　入	输入专家姓名、参评工作、提出意见、意见的采纳情况等		
处　理	系统利用聚类分析对专家进行分类		
输　出	专家聚类成果,或出错提示		
接口说明			

4) 文献管理功能设计

(1) 文献信息管理(表6.19)

表6.19 文献信息管理

功能编号	J04001	功能名称	文献信息管理
使用角色	校核工作人员、系统管理员		
功能描述	由校核工作人员输入、修改、删除、查询文献信息,文献信息的修改需由系统管理员最终确定		
输　入	输入文献(相关政府文件、规定、标准)类型、名称、发文号、网址、正文(PDF、Word)等		
处　理	根据使用权限和条件,输入、修改、删除、查询文献信息		
输　出	文献信息,或出错提示		
接口说明			

(2) 文献解读管理(表 6.20)

表 6.20　文献解读管理

功能编号	J04002	功能名称	文献解读管理
使用角色	校核工作人员、专家、系统管理员		
功能描述	由校核工作人员和专家输入、修改、删除文献解释,文献解释的修改需由系统管理员最终确定		
输　　入	输入文献名称、发文号、网址、解释正文(PDF、Word)等		
处　　理	根据使用权限和条件,输入、修改、删除、查询文献解读内容		
输　　出	文献解读信息,或出错提示		
接口说明			

(3) 业务咨询(表 6.21)

表 6.21　业务咨询

功能编号	J04003	功能名称	业务咨询
使用角色	校核工作人员、专家、系统管理员		
功能描述	校核工作人员、相关专家、系统管理员沟通、交流业务问题的平台。业务咨询的最终成果由系统管理员分类并保存到数据库中		
输　　入	输入问题标题与内容、答案(PDF、Word)		
处　　理	根据使用权限和条件,输入、修改、删除、查询业务咨询内容		
输　　出	业务咨询内容,或出错提示		
接口说明			

5) 系统管理功能设计

(1) 用户管理(表 6.22)

表 6.22　用户管理

功能编号	J05001	功能名称	用户管理
使用角色	系统管理员		
功能描述	系统管理员新建、修改、删除、查询用户,设定用户权限,设定用户密码等		
输　　入	输入用户名、用户级别、初始密码		
处　　理	进行输入、修改、删除、查询等操作		
输　　出	输出用户管理结果,或出错提示		
接口说明			

(2) 数据字典管理(表 6.23)

表 6.23 数据字典管理

功能编号	J05002	功能名称	数据字典管理
使用角色	系统管理员、系统维护人员		
功能描述	对数据库中所有方案对象的定义(包括表、视图、索引等)、空间分配、数据库用户、监控信息等的管理		
输　　入	输入方案对象的定义、空间分配、数据库用户等		
处　　理	对所有方案对象的定义、空间分配、数据库用户、监控信息等进行操作		
输　　出	输出数据字典管理结果,或出错提示		
接口说明			

(3) 系统信息管理(表 6.24)

表 6.24 系统信息管理

功能编号	J05003	功能名称	系统信息管理
使用角色	系统管理员、系统维护人员		
功能描述	当有重要信息需要对用户公布时,由系统向用户发出通知信息		
输　　入	输入通知信息和接收信息的用户		
处　　理	由系统向用户发出通知信息		
输　　出	输出通知信息,或出错提示		
接口说明			

(4) 基础信息管理(表 6.25)

表 6.25 基础信息管理

功能编号	J05004	功能名称	基础信息管理
使用角色	系统管理员、系统维护人员		
功能描述	维护空间数据、行政区划、水资源分区等基础信息数据		
输　　入	空间数据、行政区划、水资源分区等基础信息数据		
处　　理	空间数据、行政区划、水资源分区等基础信息数据的存储、修改等		
输　　出	通过图或表展示基础信息,或出错提示		
接口说明			

(5) 系统帮助(表 6.26)

表 6.26　系统帮助

功能编号	J05005	功能名称	系统帮助
使用角色	校核工作人员、系统管理员、系统维护人员		
功能描述	向校核工作人员说明系统使用方法或系统常见问题的解决方法		
输　　入	系统功能、使用方法等方面的问题		
处　　理	根据问题由系统给出系统使用说明或系统常见问题的解决方法		
输　　出	给出图形与文字说明的帮助提示,或出错提示		
接口说明			

6.3.3 界面划分

1) 外部界面

外部界面是指系统与其外部的数据库或相关系统的关系。随着最严格水资源管理工作的不断推进,为适应工作需求,将可能建立相关管理系统,而近年来水利信息化工作也建立了大量的水资源管理相关的信息系统。与相关系统共享数据资源,或与相关系统相兼容,不仅能节约大量的软硬件资源,避免重复建设,也使得拓展、增强系统自身业务功能具备了较好的基础。

2) 内部界面

内部界面主要指系统内部各功能间及各功能与数据库的关系,见图 6.3。校核系统主要有数据管理、业务管理、专家管理、文献管理和系统管理功能。这五个主要功能之间是相互独立的,每个功能将与一个或多个数据库相关联。仅系统管理员有使用系统管理功能的权限,通过系统管理功能,管理员可以对各数据库进行调整,而用户仅具有使用其他四个功能的权限。各功能根据其自身的业务需要与相关的数据库相关联。

3) 用户界面

用户界面是人与机之间交流、沟通的层面。为增加系统的易用性,应尽量采用用户熟悉的名称、用语、风格、调用方式、表单设计、打印输出等。用户界面的结构应易于用户理解和操作。用户界面的交互性主要要求如下:

(1) 有清楚的错误提示。

(2) 同一种功能,允许兼用鼠标和键盘,提供多种可能性。

(3) 允许工作中断并保存,以便继续开展工作。

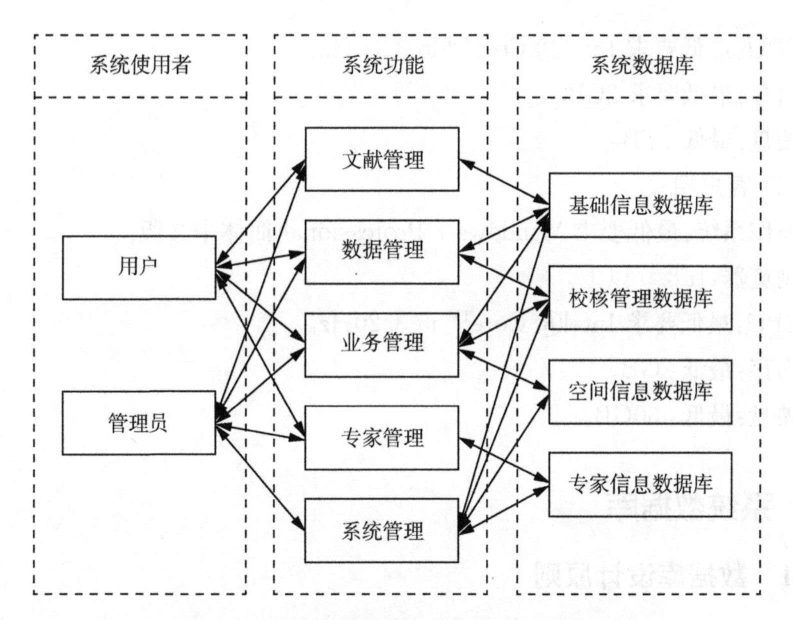

图6.3 系统内部功能与数据库关系示意图

(4) 功能及提示是用户熟悉的用语。

(5) 反馈迅速,反馈较慢时应有进度提示。

(6) 方便退出执行中的业务功能。

(7) 具备系统功能导航,方便用户在不同功能间切换。

(8) 有明确的操作提示,方便用户决定下一步操作。

用户界面视觉设计要达到用户愉悦的使用目的,主要要求如下:

(1) 界面简洁、清晰。

(2) 依赖认识而非记忆。如对固有的数据使用下拉菜单。

(3) 提供视觉线索。如使用形象的图形代表某种功能。

(4) 提供默认、撤销、恢复的功能。

(5) 完善视觉的清晰度,避免用户猜测图片、文字的布局和隐喻。

(6) 界面应协调一致,同样功能应采用相同图标。

(7) 色彩协调,使用色系应在5个以内,相近功能采用相近颜色。

6.3.4 运行环境

(1) 服务器端

操作系统:最低要求 Windows 7 Professional 简体中文版。

浏览器:IE8.0以上。

CPU：最低要求 Intel® Core™ i5 3.20Hz。

内存：最低要求 2GB。

硬盘：最低 1TB。

（2）客户端

操作系统：最低要求 Windows 7 Professional 简体中文版。

浏览器：IE8.0 以上。

CPU：最低要求 Intel® Core™ i5 3.20Hz。

内存：最低 2GB。

硬盘：最低 500GB。

6.4 系统数据库

6.4.1 数据库设计原则

校核系统数据库建设应执行水资源管理方面已颁布的国家标准及水利部颁布的相关技术要求，并根据校核系统的实际需要，进行补充和完善。总体设计原则是：

（1）数据库设计按照数据库设计规范，尽量遵循国际标准、国家标准以及行业标准。

（2）数据库的开发要与相关管理系统保持一致。

（3）与相关管理系统之间实现基础数据、业务数据和成果数据的有选择、有目的的共享。

（4）数据库系统的设计要求具有一定的可扩展机制，在一定程度上满足未来考核工作业务发展的需要，并考虑与其他相关应用系统的接口，操作简便。

（5）根据系统的实际情况和应用特点，考虑技术的先进性与成熟性，做到先进性与实用性并重。

6.4.2 数据库的组成

校核系统数据库包括校核管理数据库、基础信息数据库、空间信息数据库、专家信息数据库。校核系统数据库的组成如图 6.4 所示。

1）校核管理数据库

（1）用水量数据库

用水量数据库需建立的数据表包括不同行业用水户基本情况表、用水量情况表、用水户生产技术革新情况表。

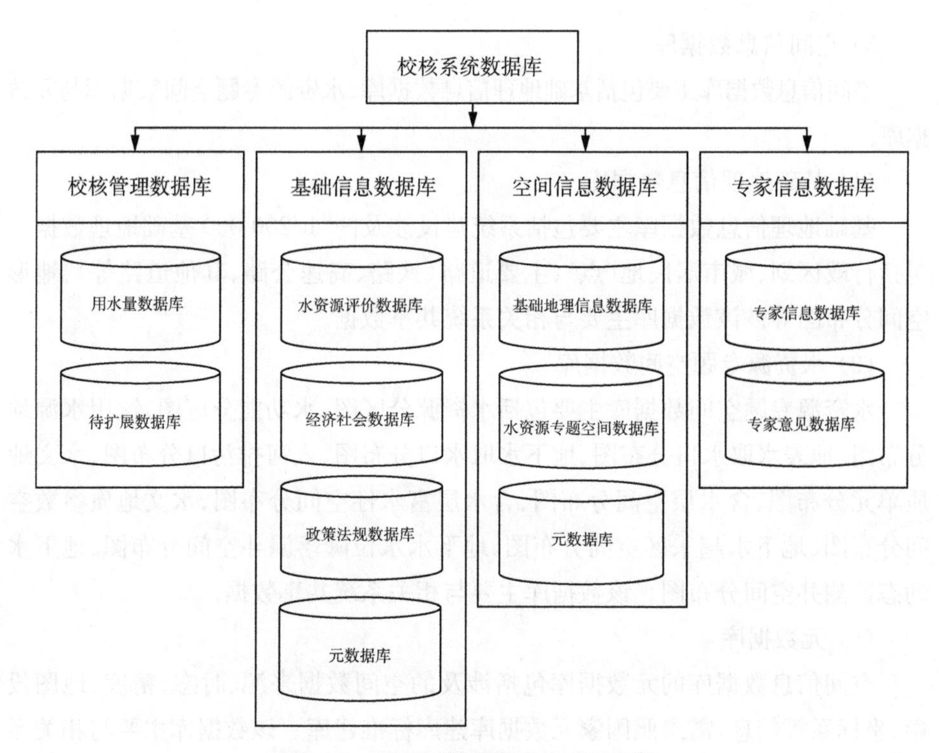

图 6.4 校核系统数据库组成示意图

(2) 待扩展数据库

待扩展数据库是为校核工作内容增加所做的备用数据库。

2) 基础信息数据库

(1) 水资源评价数据库

水资源评价数据库需建立的数据表包括水资源分区基本情况表、工业用水基本情况表、城镇生活用水基本情况表。

(2) 经济社会数据库

经济社会数据库主要涵盖地区生产总值、工业增加值、播种面积、有效灌溉面积、粮食产量、万元产值用水量等。

(3) 政策法规数据库

政策法规数据库包括最严格水资源管理制度相关的政策与法规,以及相应的解释与说明。

(4) 元数据库

基础信息的元数据库包括数据的来源、采集方式、时态、精度等信息。该数据库主要与相关系统共享数据。

3）空间信息数据库

空间信息数据库主要包括基础地理信息数据库、水资源专题空间数据库与元数据库。

（1）基础地理信息数据库

基础地理信息数据库主要包括系统建设涉及的“1/200 000 基础地理数据”，包括行政区划、城市居民地（点）、主要道路（铁路、高速公路、其他道路等）、地形空间分布图等。该数据库主要与相关系统共享数据。

（2）水资源专题空间数据库

水资源专题空间数据库主要包括水资源分区图、水功能分区图、饮用水源地分布图、地表水取水口分布图、地下水取水口分布图、入河排污口分布图、水文地质单元分布图、含水层空间分布图、含水层富水性空间分布图、水文地质参数空间分布图、地下水超采区空间分布图、地下水水位降落漏斗空间分布图、地下水动态监测井空间分布图。该数据库主要与相关系统共享数据。

（3）元数据库

空间信息数据库的元数据库包括涉及的空间数据来源、时态、精度、地图投影、坐标系等信息，需参照国家元数据库建库标准建库。该数据库主要与相关系统共享数据。

4）专家信息数据库

（1）专家信息数据库

专家信息数据库包括专家姓名、年龄、职称/职务、工作单位、专业方向、专业经历与业绩、参加相关工作评审或咨询的情况等。

（2）专家意见数据库

专家意见数据库主要用于记录数据库内专家对考核工作所提出的意见和建议，便于归纳总结考核工作的经验。

6.4.3 数据表格结构设计

数据表格结构设计详见表 6.27 至表 6.36。

表 6.27 用户信息表

表名：user 用户信息表

序号	字段名	数据类型	长度	主键	是否必填	约束条件	描述
1	用户名	varchar2	50	是	是		

续 表

序号	字段名	数据类型	长度	主键	是否必填	约束条件	描述
2	登录密码	varchar2	34		是		
3	用户级别	number	2		是		
4	用户类型	char	10		是		管理员、专家、部级、流域、省级、市级
5	用户单位	varchar2	50		是		
6	真实姓名	varchar2	10		是		
7	办公电话	number	13		是		
8	手机号码	number	11		是		
9	电子邮箱	varchar2	50		是		
10	所属省份	varchar2	50		是		
11	所属地市	varchar2	50		是		
12	备注	varchar2	200		否		

表 6.28 工业用水量数据表

表名:industrial water consumption 工业用水量数据表

序号	字段名	数据类型	长度	主键	是否必填	约束条件	描述
1	用户单位	varchar2	50	是	是		
2	取水量	number	10		是		
3	供水量	number	10		是		
4	用电量	number	10		是		
5	所属省份	varchar2	50		是		
6	所属地市	varchar2	50		是		
7	备注	varchar2	200		否		

表 6.29 农业用水量数据表

表名:agricultural water consumption 农业用水量数据表

序号	字段名	数据类型	长度	主键	是否必填	约束条件	描述
1	用户单位	varchar2	50	是	是		
2	灌溉用水量	number	10		是		

续 表

序号	字段名	数据类型	长度	主键	是否必填	约束条件	描述
3	有效降水量	number	10		是		
4	节水灌溉工程面积	number	10		是		
5	作物种类	varchar2	50		是		
6	作物产量	number	10		是		
7	单位粮食产量用水量	number	10		是		
8	有效灌溉面积	number	10		是		
9	亩均用水量指标	number	10		是		
10	灌站用电量	number	10		是		
11	所属省份	varchar2	50		是		
12	所属地市	varchar2	50		是		
13	备注	varchar2	200		否		

表 6.30　水资源评价数据表

表名：water resources assessment 水资源评价数据表

序号	字段名	数据类型	长度	主键	是否必填	约束条件	描述
1	所属水资源分区	varchar2	50		是		
2	所属流域	varchar2	50		是		
3	地表水资源量	number	10		是		
4	地表水资源可利用量	number	10		是		
5	地下水资源量	number	10		是		
6	地下水可开采量	number	10		是		
7	水资源开发利用控制红线	number	10		是		
8	当年降水量	number	10		是		
9	所属省份	varchar2	50		是		
10	所属地市	varchar2	50	是	是		
11	备注	varchar2	200		否		

表 6.31 经济社会数据表

表名:community economy 经济社会数据表

序号	字段名	数据类型	长度	主键	是否必填	约束条件	描述
1	所属地市	varchar2	50	是	是		
2	所属省份	varchar2	50		是		
3	国内生产总值	number	10		是		
4	万元 GDP 用水量	number	10		是		
5	工业产值	number	10		是		
6	农业产值	number	10		是		
7	三产产值	number	10		是		
8	人口数量	number	10		是		
9	备注	varchar2	200		否		

表 6.32 政策法规数据表

表名:policies and laws 政策法规数据表

序号	字段名	数据类型	长度	主键	是否必填	约束条件	描述
1	法规名称	varchar2	50	是	是		
2	法规编号	varchar2	20		是		
3	颁布部门	varchar2	50		是		
4	法规类型	varchar2	10		是		
5	网页链接	varchar2	200		是		
6	法规附件	PDF,doc			是		存储文件路径
7	所属省份	varchar2	50		是		
8	所属地市	varchar2	50		是		
9	备注	varchar2	200		否		

表 6.33 基础地理信息数据表

表名:basic geographic information 基础地理信息数据表

序号	字段名	数据类型	长度	主键	是否必填	约束条件	描述
1	所属地市	varchar2	50	是	是		
2	所属省份	varchar2	50		是		

续 表

序号	字段名	数据类型	长度	主键	是否必填	约束条件	描述
3	水系图	pic			是		
4	水源地分布图	pic			是		
5	行政区划图	pic			是		
6	重要工业企业分布	pic			否		
7	灌区分布	pic			否		
8	地形图	pic			是		
9	备注	varchar2	200		否		

表 6.34 水资源专题数据表

表名：professional water resources information 水资源专题数据表

序号	字段名	数据类型	长度	主键	是否必填	约束条件	描述
1	主要测站名称	varchar2	50		是		
2	主要测站位置	varchar2	80		是		
3	主要水源地名称	varchar2	50		是		
4	主要水源地供水量	number	10		是		
5	地下水超采情况	pic			否		
6	所属省份	varchar2	50		是		
7	所属地市	varchar2	50	是	是		
8	备注	varchar2	200		否		

表 6.35 专家信息数据表

表名：expert information 专家信息数据表

序号	字段名	数据类型	长度	主键	是否必填	约束条件	描述
1	专家编号	number	10	是	是		
2	专家姓名	varchar2	50		是		
3	职称	varchar2	10		是		
4	职务	varchar2	10		是		
5	工作单位	varchar2	50		是		

续 表

序号	字段名	数据类型	长度	主键	是否必填	约束条件	描述
6	办公电话	varchar2	10		是		
7	手机号码	varchar2	11		是		
8	电子邮箱	varchar2	50		是		
9	通信地址	varchar2	50		是		
10	邮编	varchar2	6		是		
11	专业方向	varchar2	50		是		
12	出生日期	date			是		
13	民族	varchar2	10		是		
14	参与评审项目	varchar2	200		是		
15	所在省份	varchar2	50		是		
16	所在地市	varchar2	50		是		
17	备注	varchar2	200		否		

表 6.36 专家意见数据表

表名:expert opinion 专家意见数据表

序号	字段名	数据类型	长度	主键	是否必填	约束条件	描述
1	专家编号	number	10	是	是		
2	专家姓名	varchar2	50		是		
3	参与评审项目	varchar2	200		是		
4	项目阶段	varchar2	50		是		
5	项目负责人	varchar2	10		是		
6	依托单位	varchar2	50		是		
7	项目涉及专业	varchar2	50		是		
8	专家意见	varchar2	800		是		
9	意见采纳情况	varchar2	50		是		
10	项目所属省份	varchar2	50		是		
11	项目所属地市	varchar2	50		是		
12	备注	varchar2	200		否		

6.5 系统安全

6.5.1 实体安全

实体安全包括电源供给、传输介质、物理路由、通信手段、电磁干扰屏蔽、避雷方式等安全保护措施。除正常供电外，需要有备份电源，应有应急备份传输方式，以防网络出现故障。电源线、信号线需有避雷设施。

6.5.2 数据或功能访问控制安全

保证在预期的安全性情况下，不同授权的用户只能访问特定的功能，或只能访问有限的数据。根据校核工作的需要将用户分级，用户可以在其权限内输入、修改数据，但不能对审批过的数据进行改动。各省、流域机构的用户，仅对本省或流域的数据进行查询、报送、修改等操作。用户的创建由管理员统一设定，除管理员外的用户无权添加或删除用户。

6.5.3 页面访问控制安全

（1）页面登录

系统需测试登录用户名和密码的有效性、输入大小写的敏感性、用户登录次数限制。需要测试是否在不登录的情况下直接浏览某个页面，IP 地址登录是否有限制，等等。

（2）超时限制

用户登录系统后在一定时间内没有进行任何页面操作，应进行超时判断，强制用户重新登录后才能正常使用系统。

（3）日志文件

日志文件是保证 Web 应用系统安全性的重要工具。B/S 架构软件需要测试日志文件记录信息的完整性、各类操作的可追溯性。在服务器后台，要检测服务器的日志记录是否正常进行。

（4）SSL

安全套接层（Secure Sockets Layer ，SSL）及其继任者传输层安全（Transport Layer Security，TLS），是为网络通信提供安全及数据完整性的安全协议。本系统可采用 SSL 实现认证用户和服务器，确保数据发送到正确的客户机和服务器；加密数据以防止数据中途被窃取；维护数据的完整性，确保数据在传输过程中不被改变。

6.5.4 数据安全

为保证系统数据的安全，需要集中到数据库服务器中进行统一管理，使数据具有独立性，并提供对完整性支持的并发控制、访问权限控制、数据备份与安全恢复等。对于本系统中的某些信息（如用户密码），需要格外保护其保密性及完整性，即保证信息存储的安全。

6.5.5 脚本安全

服务器端的各类数据处理脚本常成为安全漏洞。系统的设计需考虑脚本编写语言的缺陷，严格控制在服务器端保存和编辑相关脚本的权限。

6.5.6 病毒防御

为避免病毒利用网络平台隐藏、扩散及破坏，采用防、杀、管相结合的综合治理方法，确保系统免受病毒侵害。必须安装性能优异的防病毒软件。

6.5.7 安全管理制度

为了系统建设与运行安全可靠，需要制定包括关键设备的管理、人员管理、机房管理等在内的安全管理制度。

6.5.8 安全性测试

本系统安全性测试主要是为保证数据访问安全和页面访问安全，包括安全功能测试和安全漏洞测试。安全功能测试基于软件安全功能需求，测试软件安全功能实现是否与需求一致；安全漏洞测试则是以攻击者的视角出发，以发现软件安全漏洞为目的。

系统的安全功能需求主要有身份认证、消息机密性、不可否认性、完整性、授权、可用性、访问控制等。安全功能测试主要针对以上需求进行功能性测试验证。

安全漏洞测试是识别系统安全性的弱点和缺陷。常见的B/S应用安全漏洞有已知弱点和错误配置、隐藏字段、后门和调试漏洞、跨站点脚本编写、参数篡改、更改Cookies、缓冲区溢出、直接访问浏览等。需要对系统进行安全漏洞测试以保证安全使用该系统。

6.5.9 备份与恢复

根据设备条件、存储空间和业务需求，定制当前最高效、最安全级别的数据备份策略，在保证数据安全的前提下尽可能使数据库的正常服务不受影响。

数据库的备份与恢复管理要求采用下列两种方式实现：其一，利用数据库管理系统提供的备份和恢复工具，对数据库进行定期或不定期的增量备份或完全备份；其二，通过本功能模块对数据库、表空间、数据文件和归档日志等进行完全备份，对数据库进行在线备份。

6.6 系统出错处理设计

6.6.1 出错信息

采用提示窗口向用户提示错误，并友好地指引用户处理错误。错误提示信息包括错误说明、解决建议。错误说明需体现正在执行的功能、出错的位置与原因、解决建议。

6.6.2 补救措施

(1) 定期建立数据库备份，一旦服务器数据库被破坏，可以使用最近的一份数据库副本进行还原。

(2) 为防止服务器故障，预备另外一台服务器，只要主服务器出现故障，可以迅速启动预备服务器运行系统。

主要参考文献

［1］陈玉民，郭国双，王广兴，等. 中国主要作物需水量与灌溉[M]. 北京：水利电力出版社，1995.

［2］曹型荣. 工业用水量的调查和推求[J]. 水利水电技术，1983(01)：5-10.

［3］曾玉平，侯锐. 美国农业统计与抽样调查技术[J]. 调研世界，2001(02)：42-44.

［4］常本春，张建华. 工业和城市用水调查分析方法与经验[J]. 水利规划与设计，2003(02)：31-37.

［5］陈干琴，庄会波，苏传宝. 山东省区域用水总量监测现状及对策探讨[J]. 山东水利，2014(12)：4-6.

［6］崔峻岭. 青岛市用水总量监测探索与实践研究[J]. 人民珠江，2015，36(02)：26-28.

［7］范群芳，张芯，张强，等. 珠江用水统计方法探讨[J]. 人民珠江，2013，34(04)：50-53.

［8］冯保清，崔静. 全国纯井灌区类型构成对灌溉水有效利用系数的影响分析[J]. 灌溉排水学报，2013，32(03)：50-53.

［9］傅青叶. 论社会经济调查抽样框的构建[J]. 统计与决策，2003(05)：51-52.

［10］甘泓，游进军，张海涛. 年度用水总量考核评估技术方法探讨[J]. 中国水利，2013(17)：25-28.

［11］国务院第一次全国水利普查领导小组办公室. 第一次全国水利普查数据审核技术规定[Z]. 北京：2012.

［12］何小菊. 工业行业供用水统计抽样方案的研究与探讨[D]. 北京：中国人民大学，2013.

［13］金勇进，戴明锋. 我国政府统计抽样调查的回顾与思考[J]. 统计研究，

2012,29(08): 27-32.

[14] 李大鹏,代合治,代义圆.济宁市工业结构现状分析[J].曲阜师范大学学报(自然科学版),2013,39(01):95-100.

[15] 李金昌. 规模以下工业企业抽样调查方案的设计[J]. 浙江统计, 2000(10): 10-12.

[16] 李明远. 科技统计的抽样方案设计[J]. 淮海工学院学报(自然科学版), 2001(01): 4-6.

[17] 李玉涛, 王玉昭. 经济普查数据质量控制研究: 黑龙江省第十次统计科学讨论会论文集[C]. 哈尔滨: 2008.

[18] 鲁欣,秦大庸,胡晓寒.国内外工业用水状况比较分析[J].水利水电技术,2009(01):102-105.

[19] 刘淋淋,曹升乐,于翠松,等.用水总量控制指标的确定方法研究[J].南水北调与水利科技,2013(05):159-163.

[20] 辽宁省统计局. 辽宁省经济普查年度 GDP 核算方案[R].沈阳:辽宁省统计局,2005.

[21] 刘宏. 统计抽样检验的质量控制与管理[J]. 电子质量, 2011(06): 43-45.

[22] 刘军武. 湖北省水利普查经济社会用水调查对象样本确定方法[J]. 中国农村水利水电, 2012(08): 106-109.

[23] 刘君, 高慧蓉. 分层抽样方法在工业统计中的应用研究[J]. 北京统计, 1998(07): 8-9.

[24] 刘一飞, 倪永强. 浙江省工业用水统计制度研究[J]. 经营与管理, 2013(02): 132-134.

[25] 马海燕,缴锡云.作物需水量计算研究进展[J].水科学与工程技术,2006(05):5-7.

[26] 马黎华,康绍忠,粟晓玲,等.农作区净灌溉需水量模拟及不确定性分析[J].农业工程学报,2012,28(8):11-18.

[27] 南京水利科学研究院. 考核工作方案研究与考核培训教材编制报告[R]. 南京:南京水利科学研究院, 2012.

[28] 南京水利科学研究院. 最严格水资源管理考核抽查校核技术研究报告[R]. 南京: 南京水利科学研究院,2015.

[29] 裴源生,刘建刚,赵勇.总量控制与定额管理概念辨析[J].中国水利,2008(15):32-34,26.

[30] 沈菲飞. 农村抽样调查中的抽样框问题[J]. 重庆科技学院学报(社会科学版)，2010(01)：57-59.

[31] 施佳琛. 数量特征敏感问题两种 RRT 模型下分层二阶段整群抽样调查的统计方法及应用[D]. 苏州:苏州大学，2014.

[32] 中华人民共和国水利部. 用水总量统计方案[Z]. 北京：2014.

[33] 苏延民，高京山. 对统计数字质量的抽样检查方法研究[J]. 中国铁路，1996(10)：19-21，5.

[34] 随香灵. 经济社会用水调查与常规统计的简要对比分析[J]. 治淮，2012(12)：72-73.

[35] 田志刚. 经济社会用水调查各项关系分析[J]. 山东水利，2013(08)：5-6.

[36] 王梅，王卓甫，张坤，等. 用水总量统计工作组织体系设计的再思考[J]. 水利经济，2015,33(03)：51-55.

[37] 王启优，赵清，刘岩峰，等. 甘肃经济社会用水调查普查表技术审核要点[J]. 中国水利，2012(12)：61-62.

[38] 王云芳. 抽样调查技术在香港政府统计中的应用及启示[J]. 统计与管理，2012(03)：88-89.

[39] 谢蕊贤. 农业灌溉用水调查要点[J]. 山西水利，2011,27(12)：9-11.

[40] 许涤龙，叶少波. 统计数据质量评估方法研究述评[J]. 统计与信息论坛，2011,26(07)：3-14.

[41] 尤洋，来海亮，陈建刚. 对用水计量和用水统计制度的思考[J]. 城镇供水，2015(05)：53-56.

[42] 俞纯权. 设计抽样方案时抽样方法和估计量的选择[J]. 上海统计，2001(08)：20-24.

[43] 袁兴伟，刘勇，程家骅. 分层抽样误差分析及其在渔业统计中的应用[J]. 海洋渔业，2011,33(01)：116-120.

[44] 张建军,乔松珊. 城市工业用水定额的预测方法[J]. 河南工程学院学报(自然科学版),2009(04):26-28,59.

[45] 张海涛，甘泓，张象明，等. 经济社会用水情况调查[J]. 中国水利，2013(07)：22-23.

[46] 张显成，王卓甫，张坤. 最严格水资源管理下用水总量统计的组织研究[J]. 人民黄河，2015,37(04)：62-65.

[47] 郑菊. 农业抽样调查中统计理论和抽样方法选取研究[J]. 中国农业信息，

2014(13)：115.
[48] 周惠彬. 用抽样调查法统计企业季(月)度工业增加值的探讨[J]. 北京统计，1997(06)：7-8.
[49] 周清龙，汤建熙. 抽样调查在水利统计中的应用[J]. 治淮，1987(03)：35-38.
[50] 朱元兰. 抽样中的极限误差与置信水平[J]. 中国统计，2009(10)：47-48.
[51] 庄亚儿，李伯华. 流动人口调查抽样的实践与思考[J]. 人口研究，2014，38(01)：30-36.